深水油气勘探开发·丛书

青海隆务峡三叠系地质露头深水沉积特征

Sedimentary Characteristics of the Triassic Deep-water Outcrops
in Longwuxia Area, Qinghai Province, China

范国章　马宏霞　鲁银涛　吴佳男
许小勇　王　彬　邵大力　徐志诚　著

石油工业出版社

内 容 提 要

本书以青海隆务峡三叠系地质露头深水沉积最新研究成果为基础，精选大量实测剖面及宏观与微观照片，系统整理与总结青海隆务峡三叠系区域地质特征、典型沉积现象、岩相及岩相组合、结构单元与沉积机制、层序地层和沉积模式，整体呈现了青海隆务峡三叠系地质露头深水沉积特征和地质认识。

本书可供从事深水沉积研究的石油、矿产、地质研究人员及相关院校师生参考。

图书在版编目（CIP）数据

青海隆务峡三叠系地质露头深水沉积特征／范国章等著. — 北京：石油工业出版社，2023.3
ISBN 978-7-5183- 5654-6

Ⅰ. ①青… Ⅱ. ①范… Ⅲ. ①三叠纪-沉积岩-沉积特征-青海 Ⅳ. ①P588.2

中国版本图书馆 CIP 数据核字（2022）第 185429 号

出版发行：石油工业出版社
（北京安定门外安华里 2 区 1 号　100011）
网　　址：www. petropub. com
编辑部：（010）64222261
图书营销中心：（010）64523633
经　销：全国新华书店
印　刷：北京中石油彩色印刷有限责任公司

2023 年 3 月第 1 版　2023 年 3 月第 1 次印刷
787 毫米×1092 毫米　开本：1/16　印张：8.25
字数：200 千字

定价：100.00 元
（如发现印装质量问题，我社图书营销中心负责调换）

前　言

　　"深水"在工业界有沉积和工程两方面的含义，为了更好地区分，用"深水"一词专指沉积意义上的深水，用"深海"一词代替工程意义上的深水。深水沉积指沉积于深水环境中的沉积物，也就是在重力流作用下，沉积于风暴浪基面以下的陆坡到盆地部位的沉积物（Weimer P. 等，2006；Paul Weimer 和 Roger M. Slatt，2012）。自 1982 年 8 月在美国宾夕法尼亚州匹兹堡市举办深水研究领域"第一届深海扇会议"（COMFan Ⅰ）以来，深水沉积体系的研究日趋广泛和深入，从地质露头、深海钻探、水槽实验、重力流监测、工业地震、电缆测井、实验分析等方面进行了全方位的研究，在深水沉积环境、沉积体系、结构单元、沉积物、成因机制、主要控制因素等方面的认识逐渐达成共识，深水储层也成为 21 世纪全球深海油气勘探的重要领域，引领着深海油气储量和产量快速增长，且方兴未艾。

　　地质露头是研究深水沉积特征最为重要的天然场所，地质露头描述是认识深水沉积岩性、物性、沉积结构、沉积成因等规律的重要手段。2007 年 Tor H. Nilsen 等出版的《世界深水沉积地质露头图集》（姚根顺等于 2013 年翻译出版）简要介绍了分布在全球 21 个国家的 103 个深水沉积露头的定性和定量研究成果，其中，意大利中新统 Marnoso Arenacea 组露头、法国始新统—渐新统 the Gres d'Annot 组露头、爱尔兰石炭系 Ross Sandstone 组露头等已经取得了较为系统的研究成果，智利上白垩统 Cerro Toro 组露头、南非二叠系 Skoorsteenberg 组露头、阿根廷石炭系 Jejenes 组露头等仍然是国际深水沉积的研究热点，中国松潘—甘孜浊流复合体沉积露头正在引起越来越多国内学者的关注，这些研究成果为深水沉积地质工作者提供了重要的参考资料。近年来，中国深水沉积露头的研究取得重要进展，在塔里木盆地寒武系、青海秦岭造山带二叠系和三叠系、西藏西部三叠系、鄂尔多斯盆地三叠系、广西潞城三叠系、山东灵山岛白垩系等典型深水沉积露头地区都开展了深水沉积特征的宏观描述和沉积模式的研究，但和国外露头研究程度相比，在深水沉积岩相组合、结构单元、成因机制等方面，仍存在较大差距。

　　为了建立深水沉积地质露头研究基地，培养深水沉积储层油气勘探开发人才，中国石油杭州地质研究院海洋油气地质研究团队历经多年野外地质调查研究，选择位于青海隆务峡的西秦岭盆地深水沉积体系露头作为研究对象，开展了较为系统详细的深水沉积特征研究。该地区深水沉积露头出露情况好，鲜有植被覆盖，沉积序列完整，从底部不整合到顶部与河流相过渡，典型深水沉积特征丰富，岩相组合多样，且沉积体系被公路和河流切割，两侧露头相距近百米，可进行横向对比，是较为理想的深水沉积地质露头。经过近 5 年的研究，详细观察描述 2 条剖面、8 个观测点，精细实测剖面长度超过 300m，系统研究了地质露头的岩相、沉积特征、结构单元、层序地层、岩性物性特征、沉积成因与发育模式等，比较全面地获取了深水沉积地质露头的基础资料，本书正是这些主要研究成果的集结与提炼，以期促进中国深水沉积地质研究工作的进步。

本书共分为6章。第一章简要介绍了国内外深水沉积研究历史与主要成果认识，以及本书采用的深水沉积术语体系，由吴佳男、许小勇撰写。第二章主要概述研究区构造演化、地层特征和沉积背景，由王彬、许小勇撰写。第三章介绍了研究区地理位置与交通状况，描述约300m露头的整体地质特征等。第四章为地质露头深水沉积特征，详细描述8个露头点的深水沉积特征，包括精细描述剖面特征、大量野外典型照片、部分薄片资料及实验分析数据。第三、四章由马宏霞、吴佳男、许小勇、鲁银涛、王彬撰写。第五章总结了地质露头的岩相和岩相组合特征，由马宏霞、鲁银涛、许小勇撰写。第六章为沉积机制与沉积模式探讨，简析了地质露头的沉积模式和不同岩相组合的沉积机制，由马宏霞、吴佳男、许小勇撰写。

全书由中国石油杭州地质研究院范国章统稿并审校，海洋地质研究所吕福亮所长、李林所长多次组织和指导了地质露头研究工作，邵大力、徐志诚在露头勘测和室内整理中做出了重要贡献，王红平、曹全斌、张勇刚、王雪峰、杨涛涛等参与了部分露头的描述、采样和实验分析。在地质露头研究过程中，英国阿伯丁大学 Ben Kneller 教授多次指导地质露头研究工作，提出了诸多深水沉积地质认识，中国地质大学（武汉）解习农教授和何云龙博士关于沉积环境和沉积特征的介绍对撰写团队颇有启发，中国石油杭州地质研究院斯春松教授、邹伟宏教授关于深水沉积研究方向提出了宝贵的发展建议。在此，向研究过程中给予指导和帮助的领导和专家致以崇高的敬意和衷心的感谢！

由于笔者水平所限，遗漏、不足之处在所难免，敬请读者批评指正。

目　　录

第一章 深水沉积研究现状与展望

"深水"在工业界有沉积和工程两方面的含义，为了更好地区分，用"深水"一词专指沉积意义上的深水，用"深海"一词代替工程意义上的深水。深水沉积，通常指沉积于深水环境中的沉积物，也就是在重力流作用下，沉积于风暴浪基面以下的陆坡到盆地部位的沉积物（Paul Weimer 和 Roger M. Slatt，2012）。而在广义上来说，深水沉积指所有沉积于深水环境中的沉积物，包括重力流沉积物、等深流沉积物软泥、风成沉积、冰川沉积、火山灰等，其中最重要最常见的沉积过程是沉积物重力流。20 世纪 80 年代以来，深水沉积的研究日趋全面、系统和深入，在深水沉积环境、沉积体系、结构单元、沉积物、成因机制、主要控制因素等方面的认识逐渐达成共识。本章从深水沉积过程的基本概念出发，回顾深水沉积研究历程与重要进展，探讨深水沉积未来发展方向，提出本书采用的深水沉积相关术语。

第一节 深水沉积过程的基本概念

深水沉积过程包括沉积物重力流、浊流、等深流、底流等。其中，沉积物重力流是最重要的深水沉积作用过程，大多数深水沉积物的形成与改造是沉积物重力流作用的产物。

一、沉积物重力流与浊流

沉积物重力流（sediment gravity flow）是一种由重力作用驱动、携带矿物和岩屑类悬浮颗粒、混合环境流体（常为海水）、贴近海底表面流动的密度流（Middleton 和 Hampton，1973）。在沉积物重力流中，由于颗粒和水组成的混合物的密度大于环境流体（正常海水）的密度，在重力作用下，颗粒混合物拖动环境流体向下移动，可以把沉积物从浅水区搬运至深水区。本章重点介绍的内容为深海环境中的沉积物重力流，深湖重力流、深海火山碎屑流和碳酸盐重力流不在讨论范围内。

在 Middleton 和 Hampton（1973）的深水沉积作用过程分类中，根据基质强度、湍流、受阻沉降、颗粒碰撞产生的分散压力等支撑机制，重力流可以划分为四种类型，即碎屑流（debris flow）、颗粒流（grain flow）、液化沉积物流（liquefied sediment flow）及浊流（turbidity flow）。

Kneller 和 Buckee（2000）认为支撑机制在自然中通常难以识别，在同一个重力流中可能同时存在多种支撑机制，因而提出了广义上的浊流（turbidity current），即由重力驱动的、流体和悬浮颗粒混合的密度流，不强调单一的湍流支撑机制，其含义更接近于

Middleton和Hampton（1973）分类中除碎屑流外的其他三种流体的总和。与之相反，以Shanmugam（2002）为代表的学派则坚持认为浊流的术语应该严格地应用于完全由湍流悬浮支撑的流体。

二、沉积物重力流分类方案

尽管对沉积物重力流的沉积特征与搬运机制的认识已经达到了一定的高度，但目前尚未形成统一的沉积物重力流的分类方案（Pickering K. 和 Hiscott R.，2020）。目前国际上引用率较高的分类方案分别是出自 Shanmugam（2000）、Mulder 和 Alexander（2001）以及 Talling 等（2012）发表的综述文章。

Shanmugam（1996，2000）将沉积物重力流划分为浊流（turbidity flow）、泥质碎屑流（muddy debris flow）、砂质碎屑流（sandy debris flow）和颗粒流（grain flow；图1-1）。该分类方案是基于早期Dott（1963）的研究成果，首先将沉积物重力流分为牛顿流体和塑性流体，其中浊流为牛顿流体，其余三种为塑性流体。同时，该方案认为沉积物浓度为控制流体流变学特征的主要因素，其最大的贡献在于砂质碎屑流的论述。流变学上砂质碎屑流属于塑性流体，但却代表了黏性到非黏性的连续过程并接受整体沉积（en masse），对块状砂岩的解释提供了重要的思路。

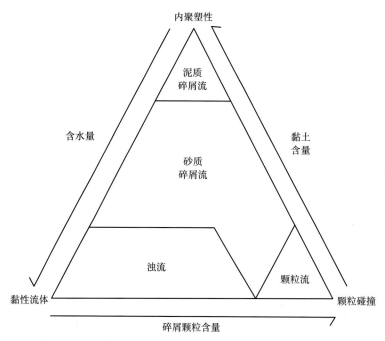

图1-1　沉积物重力流分类方案（据 Shanmugam，1996，2000）

Mulder 和 Alexander（2001）在流体物理性质和支撑机制的基础上，同样将沉积物重力流（原文中称水下沉积密度流）分为四类（图1-2），分别是黏性流（cohesive flow）、浊流（turbidity flow）、浓密度流（condensity flow）和超浓密度流（high condensity flow），后三种属于非黏性流（又称摩擦流）。此方案的最大特色在于综合考虑了基质强度、浮力、孔隙压力、颗粒碰撞(分散压力)以及湍流雷诺数等支撑机制,并指出这些支撑机制受控于流体条件、颗粒浓度、粒度分布和颗粒类型等因素。同时,该文指出不同流体分类并没有绝对的浓度界限,取决于不同流体的粒径、分选、组成以及相对密度。

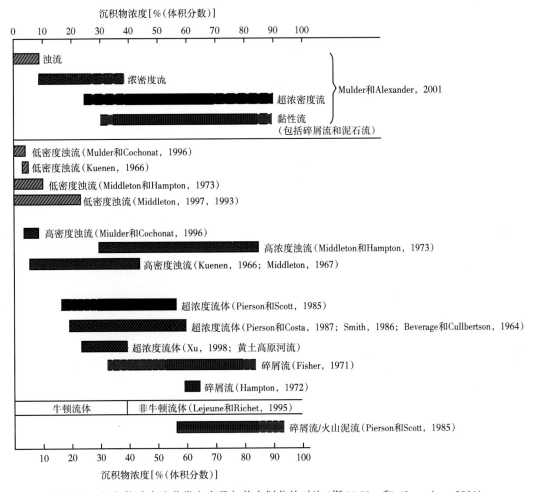

图 1-2　沉积物重力流分类方案及与前人划分的对比(据 Mulder 和 Alexander,2001)

Talling 等(2012)的分类方案最大的特点在于将沉积机制划分方案与沉积物的描述相结合,既考虑了物理实验和现代观测得到的流态参数、流变学与支持机制等特征,同时也结合了露头或者岩心的实际描述所推断的沉积过程(图 1-3)。此方案先将沉积物重力流分为浊流和碎屑流 2 个大类,再根据黏性和密度等特征分为 6 个小类,Talling 等(2012)详细论述了每一个小类的沉积机制与岩相特征。

尽管同一流体在不同空间部位和时间上可能存在流体特征的变化(Kneller,1995),甚至流体在搬运过程中可能存在流体转化(Fisher,1983;Haughton et al,2009),然而地质学家仍然试图通过沉积记录推测可能的搬运—沉积机制,理解沉积物重力流的沉积机制和相关术语仍然是十分必要的。

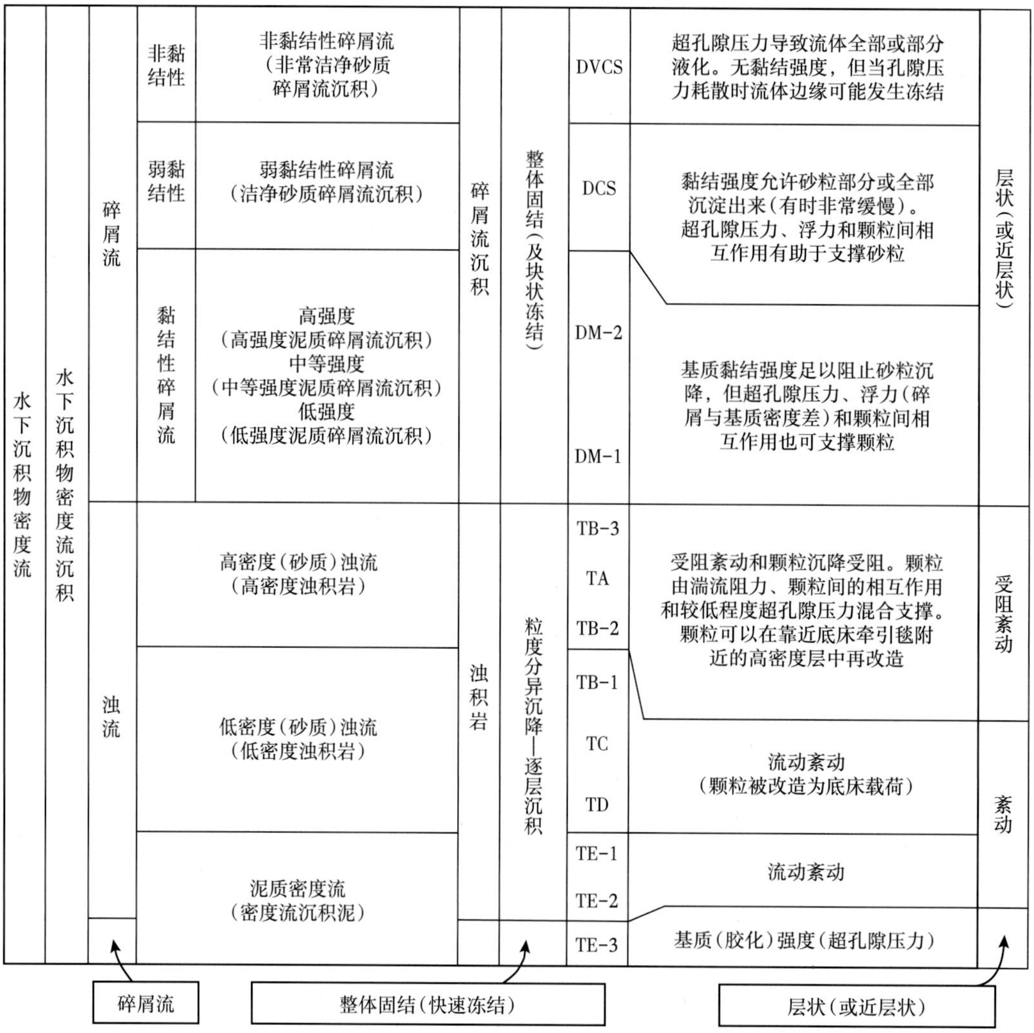

水下沉积物密度流	水下沉积物密度流沉积						
		碎屑流	非黏结性	非黏结性碎屑流（非常洁净砂质碎屑流沉积）	碎屑流沉积	整体固结（及块状冻结）	DVCS	超孔隙压力导致流体全部或部分液化。无黏结强度，但当孔隙压力耗散时流体边缘可能发生冻结	层状（或近层状）
			弱黏结性	弱黏结性碎屑流（洁净砂质碎屑流沉积）			DCS	黏结强度允许砂粒部分或全部沉淀出来（有时非常缓慢）。超孔隙压力、浮力和颗粒间相互作用有助于支撑砂粒	
			黏结性碎屑流	高强度（高强度泥质碎屑流沉积）中等强度（中等强度泥质碎屑流沉积）低强度（低强度泥质碎屑流沉积）			DM-2 DM-1	基质黏结强度足以阻止砂粒沉降，但超孔隙压力、浮力（碎屑与基质密度差）和颗粒间相互作用也可支撑颗粒	
		浊流		高密度（砂质）浊流（高密度浊积岩）	浊积岩	粒度分异沉降—逐层沉积	TB-3 TA TB-2	受阻紊动和颗粒沉降受阻。颗粒由湍流阻力、颗粒间的相互作用和较低程度超孔隙压力混合支撑。颗粒可以在靠近底床牵引毯附近的高密度层中再改造	受阻紊动
				低密度（砂质）浊流（低密度浊积岩）			TB-1 TC TD	流动紊动（颗粒被改造为底床载荷）	紊动
				泥质密度流（密度流沉积泥）			TE-1 TE-2 TE-3	流动紊动 基质（胶化）强度（超孔隙压力）	

碎屑流	整体固结（快速冻结）	层状（或近层状）

图 1-3　沉积物重力流分类方案（据 Talling 等，2012）

Pickering 和 Hiscott 在 2016 年出版的《深海沉积体系：过程、沉积物、环境、构造及沉降》（范国章等于 2020 年翻译出版）一书中，综合了上述分类方案的优点，建立了沉积物重力流的四分分类方案，然而书中有些术语并不为国内学者熟知。本书沿用了 Pickering 和 Hiscott（2016）的四分方案，并采用原著中认为可近似替代的、更为国内学者所知的术语（见第一章第四节）。同时，通过岩石记录推测搬运—沉积机制还是有困难的，尤其是在浓密度流沉积和膨胀砂屑流沉积识别方面，仍然存在争议。

三、等深流、等深流沉积与底流、底流沉积

等深流是除沉积物重力流外一种重要的深水牵引流（高振中，2006）。自 20 世纪 60 年代，等深流开始受到海洋学家的重视（Heezen 等，1966），随后的大洋钻探活动

（DSDP、ODP、IODP）对等深流的研究做出了巨大贡献。1993 年，Sedimentary Geology 出版了等深流沉积和底流专刊，高振中（1996）出版了国内第一本有关等深流的专著《深水牵引流沉积——内潮汐、内波和等深流沉积研究》；2017 年第三届国际深水环流大会在中国地质大学（武汉）召开，中外学者围绕深水等深流沉积及其相关沉积过程等重要科学议题进行了研讨；2020 年，朱筱敏将深水牵引流的介绍纳入《沉积岩石学（第五版）》教材。可以说围绕等深流及其相关沉积过程等的研究兴起近 60 年仍方兴未艾，而中国学者在其中做出了重要贡献。

由于等深流、等深流沉积与底流的研究仍是当前研究的热点，相关术语及概念仍在不断发展和完善。Faugeres 和 Stow（1993）沿用早期 Heezen（1966）发表在 Science 期刊的概念，将等深流（contour current）定义为一种由地球自转引起、温盐环流驱动、流向平行于等水深线的底流，其沉积物称为等深流沉积（contourite），并将等深流和等深流沉积限定在相对深水环境。有国内学者将"contourite"翻译为等深积岩，考虑到某些现代等深流沉积物未固结成岩，而现代等深流沉积又十分重要，故本书采用等深流沉积这种翻译（李华和何幼斌，2017）。而其他存在于浅水中的，或者与内波/内潮汐、风成表层洋流、上涌、峡谷流等相关的洋流和沉积物则统称为底流和底流沉积。

随着研究的深入，关于底流和等深流等术语含义在新世纪逐渐达成一致。Stow（2002）将底流（bottom current）重新定义为深水中由温盐或风成环流驱动的、净流向是沿着陆坡的半持续性洋流。其方向并不一定严格沿着等深线，而底流的概念也与内波/内潮汐、上涌/下涌、峡谷流等概念分开。等深流沉积（contourite）的概念也演化为由受上述底流作用影响的沉积物，包含了从泥质到砾质的一系列岩相，并将水深定位为约 300m 以深。

第二节　深水沉积研究历程与重要进展

深水沉积从 1950 年 Kuenen 和 Migliorini 发表的浊流标志性文章以来，历时 70 余年的发展，取得了沉积物重力流触发机制及搬运—沉积机制、海底扇岩相组合及沉积模式、沉积结构单元特征与控制因素等诸多突破性的认识，这些主要研究进展可以将沉积物重力流研究历史划分为浊流时代、海底扇时代和深水结构单元时代（图 1-4）。

浊流概念在 20 世纪 70 年代引入中国，历经 10 余年的发展，在 1983 年广西召开的全国浊流沉积学术讨论会，充分彰显了当时中国学者在深水沉积领域的研究水平，会后孙枢和李继亮（1984）总结了众多成果的研究进展，并对未来的重力流沉积研究做了展望。近十几年来，国内不断涌现出深水沉积方面的高水平文章，研究涉及了多个领域，尤其在深水沉积岩相和流体机制方面发表了多篇综述总结（李继亮等，1978；龚一鸣，1986；高振中和吴志勇，1995；何幼斌等，1997；刘丽军，1999；郭成贤，2000；饶孟余等，2004；何幼斌等，2004；高振中，2006；王英民等，2007；韩小锋等，2008；李相博等，2013；鲜本忠等，2014；胡孝林等，2015；梁建设等，2017；庞雄等，2007；李华和何幼斌，2017，2020；孙国桐，2015；秦雁群等，2018；李华等，2022），体现了国内学者在深水沉积方面的薪火相传。

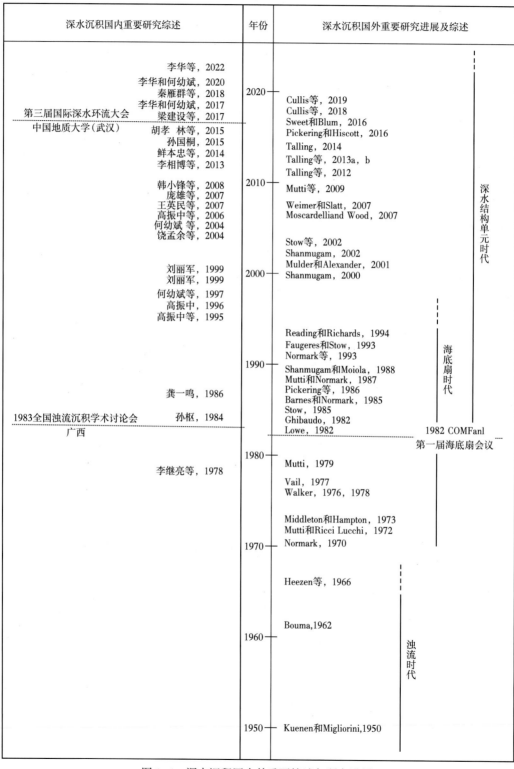

图1-4 深水沉积国内外重要综述与研究进展

一、典型深水沉积岩相序列与分类方案

浊积岩的地质露头研究起源于早期对阿尔卑斯山脉和亚平宁山脉北部复理石的探索（Mutti等，2009），到今天已形成了多种岩相描述的分类方案，有些方案已发展为岩相序列为人们所熟知。其中，广泛被人们引用的有Bouma（1962）建立的经典砂质浊积岩序列（图1-5），Stow和Shanmugam（1980）建立的泥质浊流序列（图1-6），Lowe（1982）建立的高密度浊流沉积序列（图1-7），Ghibaudo（1982）的编码分类方案（图1-8）及与之相似的Pickering等（1986）编码分类方案，Mutti（1979，1999）的成因分类方案（图1-9）等，Walker（1978）与Pickering和Hiscott（2016）基于流体性质及其演化的分类方案（图1-10），还有仍然在完善的Stow等（2002，2020）的等深流沉积序列。

1. 砂质浊流沉积鲍马序列

鲍马序列是唯一以人名为地质学家所广泛认同的沉积序列（Bouma，1962；图1-5）。完整的鲍马序列粒度向上变细，包括：（1）块状或者正粒序的砂质Ta段；（2）具平行层理的砂质Tb段；（3）具波纹/爬升波纹层理/包卷层理的砂质Tc段；（4）具水平层理到块状的粉砂质Td段；（5）泥质且通常富含微体动物化石的Te段。鲍马序列Ta段被认为是悬浮物质快速的沉积，鲍马序列Tb段和Tc段是牵引流的产物，Td段是来自浊流尾部的悬浮沉积，而Te段可能是一个混合的细粒沉积，来自浊流尾部沉积和远洋、半远洋沉积。鲍马序列常被看作是砂质粒度的理想沉积模型，粒度向上递减和沉积构造的改变反映了流速逐渐减缓的过程。在自然界中，多数浊积岩并不包含上述5个完整的鲍马序列段，而是缺少一个或多个下部段。

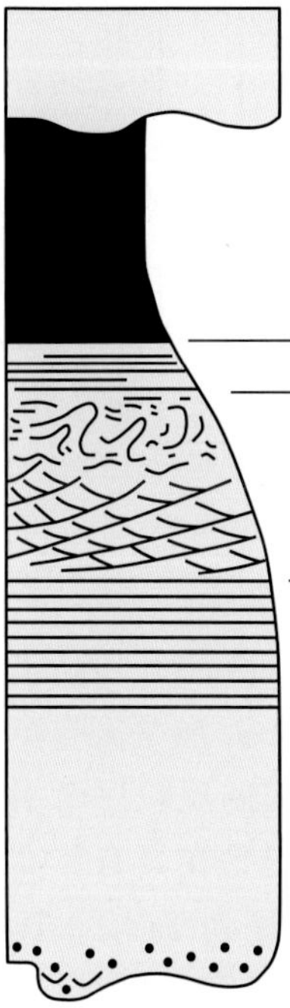

粒度	鲍马（1962）分段	解释
泥岩	Te：水平层理/均质泥岩	浊流尾部沉积及远洋或半远洋沉积
粉砂岩	Td：泥/粉砂层	尾部悬浮沉积
砂岩	Tc：波纹/爬升波纹，包卷层理	低流态牵引
砂岩	Tb：平行层理	高流态牵引
砂岩	Ta：块状或粒序砂岩（含极细砾）	无牵引构造,快速沉积；底面突变接触，可能有冲刷或负载构造

图1-5　浊积岩理想沉积相序——鲍马序列（据Pickering K. 和Hiscott R.，2020，修改）

2. 泥质浊流沉积序列

Stow 和 Shanmugam（1980）建立的低浓度泥质浊流序列实为鲍马序列 Tc 段、Td 段和 Te 段的细化和延伸，将泥质浊积岩分为 T0—T8 共 9 段（图 1-6），分别是悬浮物沉降和牵引成因的 T0—T2 段、粉砂颗粒和黏土絮凝物剪切分选成因的 T3—T5 段及无牵引条件下悬浮物的沉降 T6—T8 段，其中 T0 段对应鲍马序列的 Tc 段，T3 段内规律性分布的薄层水平层理是由流体底部的剪切分选导致粉砂和黏土颗粒的交替沉积形成。与鲍马序列相似，上述 T0—T8 段的完整序列并不常见，可能缺失顶部、底部或中间的序列。

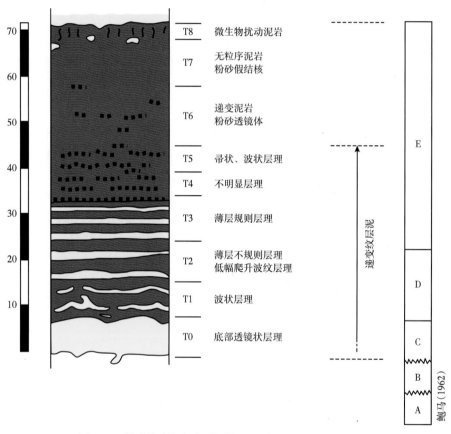

图 1-6 泥质浊流沉积序列（据 Stow 和 Shanmugam，1980）

3. 高密度浊流沉积序列

高密度浊流的沉积序列由 Lowe（1982）提出。Lowe 将浊流划分为低密度浊流和高密度浊流，并用符号 S 和 R 表示砂质和砾质的高密度浊流沉积（图 1-7）。其中 S_1 层是来自牵引流的沉积，表现为平行层理和交错层理等牵引构造。S_2 层为底部载荷形成的反粒序牵引毯沉积。在迅速沉积过程中颗粒碰撞占优势，因此抑制了紊流的形成。S_3 层是在具有较高沉积速率时沉积的块状/正粒序沉积，可能存在流体逃逸构造，相当于鲍马序列 Ta 段。Tt 代表尾部流体改造早期砂质沉积物形成的顶部大型波纹和沙丘构造。R_2 段和 R_3 段为砾质的牵引毯和悬浮沉积。

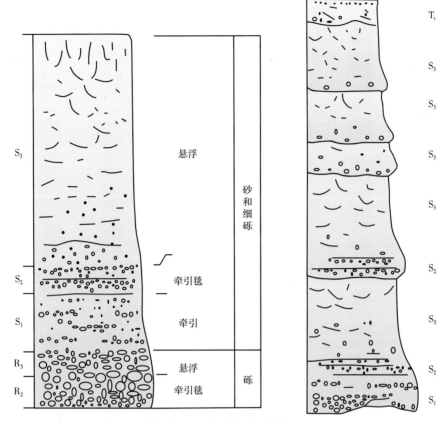

图 1-7 高密度浊流理想沉积序列（据 Lowe，1982）

4. 编码岩相分类方案

Ghibaudo（1982）的编码分类方案（图 1-8）仅以野外岩性和沉积构造特征为依据对深水重力流沉积的岩石类型进行系统划分，非常适用于野外描述，不涉及机制上的解释争议，不同的字母缩写代表了不同粒度和沉积构造。然而可能由于使用起来过于复杂，且需要记住数十个编码及其组合的含义，所以应用度不高，并没有被地质学家广泛使用。

5. 成因岩相分类方案

Mutti（1979，1999）的成因分类被 ENI 等油气公司广泛使用（图 1-9）。此方案的岩相分类涵盖了从碎屑流—超密度流—高密度浊流—低密度浊流的所有过程，其最大的特点是反映了流体在流动方向上的演化过程。虽然流体转化通常是推测的，而不是基于野外露头的实际观测，但是此方案的优点是将野外岩相特征与流体机制建立了直接联系。

值得一提的是，Walker（1978）可能是早期成因分类的奠基者，将流体性质随时空演变并与沉积物对应起来的思路为众多深水沉积学家所赞同和借鉴。Pickering 和 Hiscott（2016）对 Walker（1978）的模型进行了进一步完善，该模型体现了流体的初始状态，搬运途中可能存在的流体转化关系及不同类型流体在沉积后对应的产物（图 1-10）。

沉积物重力流沉积

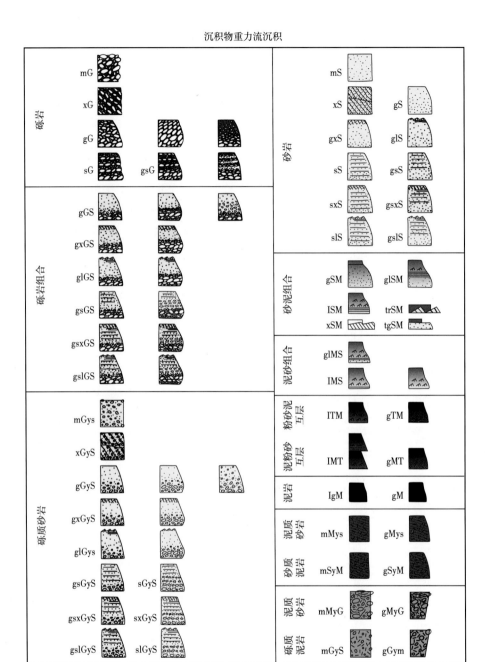

图 1-8　编码岩相分类方案（据 Ghibaudo，1992，修改）

6. 等深流沉积岩相序列

Stow 等（1996，2002，2020）提出的理想完整底流序列包括 C1—C5 五段（图 1-11），由一个反粒序层理和一个正粒序层理组成，从下部泥质、粉砂质沉积演变到砂质沉积再重新回到上部的粉砂质、泥质沉积，其最大特征是生物扰动极为发育。然而由于底流作用相较于其他

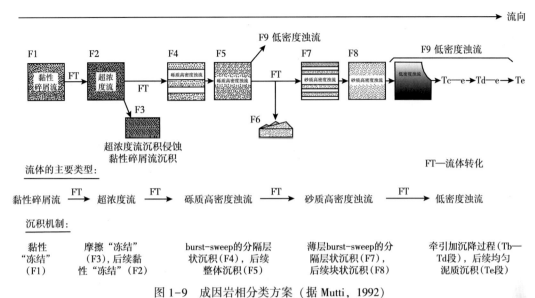

图1-9　成因岩相分类方案（据 Mutti，1992）

F1—基质支撑、塑性变形和分散的大碎屑；F2—底部冲刷，分散的大块泥岩碎屑，稍显粒序特征；F3—碎屑支撑的砾石层，大多不成层，通常具反粒序特征；F4—间隔层状的厚层粗砂层（Hiscott，1994b）；F5—厚层粗砂层，发育泄水构造且分选差；F6—粗粒板状交错层理砂岩，无粒序；F7—薄层粗砂岩层，发育水平层理，通常很薄（Hiscott，1994a）；F8—块状中—细砂岩层，可能发育粒序（等同于鲍马序列的 Ta 段）；F9—纹层状极细—粉砂岩层，顶部泥岩披覆（等同于鲍马序列 Tb—Te 段）

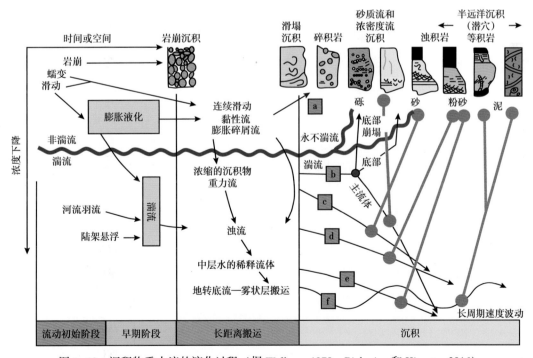

图1-10　沉积物重力流的演化过程（据 Walker，1978；Pickering 和 Hiscott，2016）

深水过程持续而缓慢,浊流与底流可能存在相互作用,且受生物扰动影响,造成等深流沉积特征不显著,野外识别困难,存在一定的多解性(Stow 等,2002;Shanmugam,2017)。

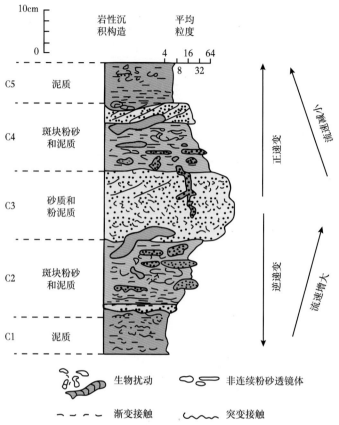

图 1-11 等深流沉积岩相序列(据 Stow 等,2002,2020)

二、海底扇模式

海底扇模式自 20 世纪 70 年代建立以来,历经 50 余年的多学科综合研究,在沉积体外形、内部结构、沉积物、物源体系及沉积过程等方面获得了全面系统的认识,在 20 世纪末海底扇模式趋于成熟和完善。

1. 20 世纪 70 年代海底扇模式崭露头角

深水扇的第一个模型是由地球物理学家 Normark 在 1970 年基于地震和声呐数据,在美国加利福尼亚州的 La Jolla 地区建立的(图 1-12)。La Jolla 是一个小型的、富砂型现代海底扇,当时采用的术语是深海扇(deep-sea fan),后来越来越多的人习惯使用术语 submarine fan 来指水下呈扇状分布的重力流沉积,中文译为海底扇(李胜利等,2018),本书将沿用此术语。Normark(1970)建立的海底扇模式中,上扇特征为具有大型水道天然堤,中扇发育分支水道,而外扇水道不发育。

同样是 20 世纪 70 年代初,Mutti 和 Ricci Lucchi(1972)两位地质学家在意大利亚平宁山脉中新统露头建立了相似的海底扇模式(图 1-13)。该模式同样将扇体分为内扇、中扇和

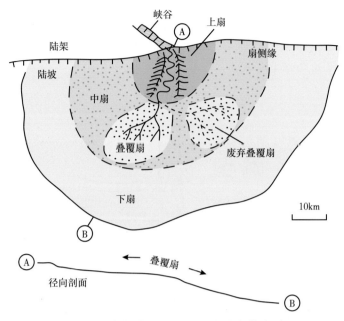

图 1-12　基于地震和声呐数据建立的 La Jolla 海底扇模式（据 Normark，1970）

外扇三个区域，同时论述了三个区域发育的主体岩相特征：内扇以厚层、广泛分布的砂岩—砾岩岩相组合为特征，泥质岩层常被侵蚀，可见混杂沉积；中扇以透镜状的砂岩和次一级的砾岩为特征，不同于内扇，砂岩—砾岩的尺寸更小，下切的形态较弱，砂泥互层沉积比泥质岩层更常见，垂向上可见向上变细变薄的序列；外扇主体由砂泥互层及泥质岩层为主，垂向上可见向上变粗变厚的序列。

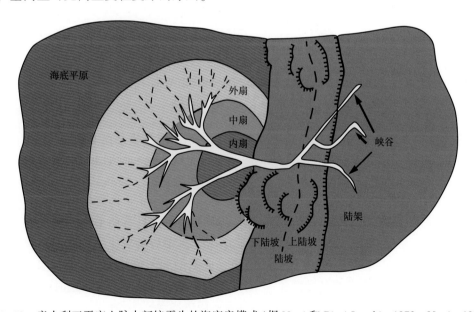

图 1-13　意大利亚平宁山脉中新统露头的海底扇模式（据 Mutti 和 Ricci Lucchi，1972；Mutti，1992）

Walker（1976，1978）对海底扇的岩相特征与扇模式进行了系统阐述，其中 Walker（1976）的文章被收录在 *Facies models* 一书中（图 1-14），代表了 20 世纪 70 年代深水沉积相研究的最新成果，Walker（1978）展示了海底扇模式的立体示意图（图 1-15）。从此，海底扇的概念与模式广为沉积学家所熟知。

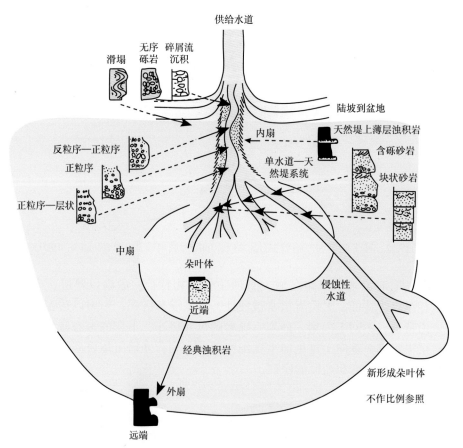

图 1-14　海底扇岩相特征与扇模式（据 Walker，1976）

2. 20 世纪 80 年代海底扇模式发展巅峰

该时期发表了多篇有关海底扇的研究成果，其中诸多成果收录在 Bouma 于 1985 年出版的 *Submarine Fans and Related Turbidite Systems* 一书中。认为这一时期最有代表性的是 Barnes 和 Normark（1985）和 Shanmugam 和 Moiola（1988）的两篇文章。Barnes 和 Normark（1985）按照古代和现代的分类统计了多种扇体的规模、形状和形态特征并将其整理成表格，进而认识到不是所有扇体都具有"扇"的形状，也不是所有扇体都具有典型的内扇、中扇和外扇三个区域。Shanmugam 和 Moiola（1988）将海底扇做了多项分类对比，包括古代和现代、富泥型和富砂型、主动大陆边缘和被动大陆边缘、成熟型和不成熟型边缘等（图 1-16）。由此，人们开始意识到海底扇的多样性和单一海底扇模式的局限性。与此同时，深水沉积结构单元概念的提出使沉积结构单元尺度的研究登上历史舞台。

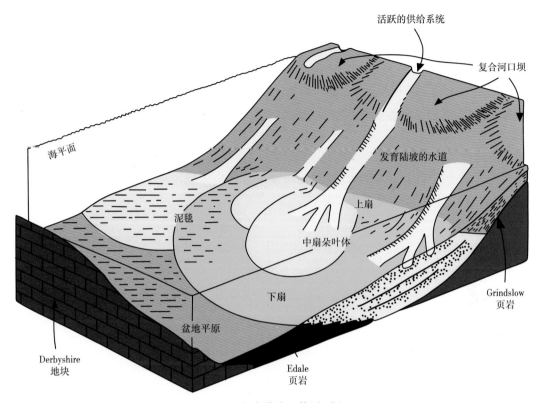

图 1-15 Shale Grit 海底扇模式立体图（据 Walker，1978）

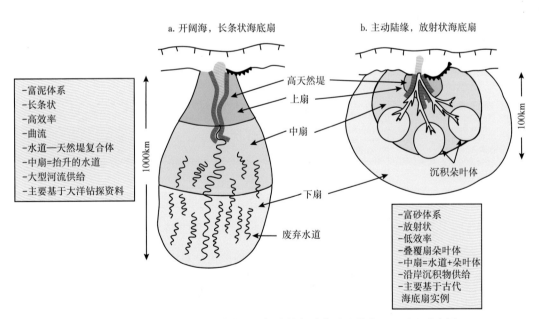

图 1-16 成熟被动大陆边缘扇（a）与成熟主动大陆边缘扇（b）对比示意图

（据 Shanmugam 和 Moiola，1988）

3. 20 世纪 90 年代后海底扇模式英雄迟暮

20 世纪 90 年代后，认为基于海底扇尺度的研究和创新性认识都日趋减少，这一时期比较有代表性的分别是 Reading 和 Richards（1994）以及 Sweet 和 Blum（2016）的两篇文章。Reading 和 Richards（1994）用主体粒度和物源体系将海底扇分为富泥型、富砂泥型、富砂型和富砾型四个类型，每个类型再按照点物源、线物源和多物源分类，建立了共 12 个类型的分类体系（图 1-17），并就每种类型分别进行了论述（Reading 和 Richards，1994；Weimer 和 Slatt，2007），当时 Reading 和 Richards 两位学者分别来自牛津大学和英国石油公司，认为这种以主体粒度和物源体系为分类标准的方案并不复杂，且抓住了工业界最关心的问题，当然，这套模式是静态的，不能反映时间尺度上更多扇体随控制因素变化而产生的动态信息（Pickering K. 和 Hiscott R.，2020）。

	富泥系统	富砂/泥系统	富砂系统	富砾系统
点物源	现代深水沉积体系： Mississippi, Indus, Amazon, Bengal Nile, Magdalena Laurentian Monterey Mozambique Astoria Valencia 古代深水沉积体系： Tabernas solitary	现代深水沉积体系： La Jolla, Limpopo Navy, Delgada, Rhone 古代深水沉积体系： Ferrelo, Peira Cava, Kongsfjord, Winters, Hecho Type I, Marnosa-Arenacea, Laga, Macigno,Stevens, Tabernas "muddy- system", Crary (OligoMiocene), Gannet Ettrick, East Miller	现代深水沉积体系： Avon,Calabar,Redondo 古代深水沉积体系： Frigg , Magnus, Balder Hecho Type II, Miller Gryphon, Scapa Rocks, Cantua Chatsworth, Bullfrog Tabernas sandy fan Cengio, Gres d'Annot, Cod	现代深水沉积体系： Noeick, Bear Bay Yallahs, Gulf of Corinth 古代深水沉积体系： North Brae Cap Enrage Marambio
多物源	现代深水沉积体系： Cap Ferret, Nitinat Wilmington 古代深水沉积体系： Kongsfjord (Trans) Catskill, Forbes Hareelv (Long) Mississippi Pleistocene	现代深水沉积体系： Ebro, Natal Coast C.America Trench San Lucas, Crati 古代深水沉积体 Butano, Gottero Forties, Agat (?) Nelson, Everest	古代深水沉积体系： Matilija Campos Montrose Beardmore-Geraldton Claymore-Galley Tyee Shale Grit	古代深水沉积体系： Mweelrea Huriwai Curavacas Blanca Brae Wagwater South Brae
线物源	现代深水沉积体系： Nova Scotia and Grand Banks Highstand N.W Africa S.W.Africa 古代深水沉积体系： Gull Island	古代深水沉积体系： Nova Scotia Lowstand Hareelv (Trans) Hunghae Alba Agat (?)	现代深水沉积体系： Sardinia-Tyrrhenian 古代深水沉积体系： Rocky Gulch Tonkawa	古代深水沉积体系： Wollaston Forland Helmsdale Marambio

图 1-17 古代和现代海底扇基于粒径与物源的分类方案（据 Reading 和 Richards，1994，修改）

Sweet 和 Blum（2016）通过调查 25 个现代海底扇的海底峡谷头部到海岸的距离与主体粒度和沉积物来源的关系，从而分析不同颗粒类型海底扇的源汇联系（图 1-18）。这项研究对推断地质历史时期海底扇发育的主要控制因素具有重要的意义，同时推动了深水层序地层学理论的重要进步。

4. 等深流与重力流结合的海底扇模式

在人们认识到等深流重要的作用之后，等深流与重力流的相互作用成为近年来的研究热

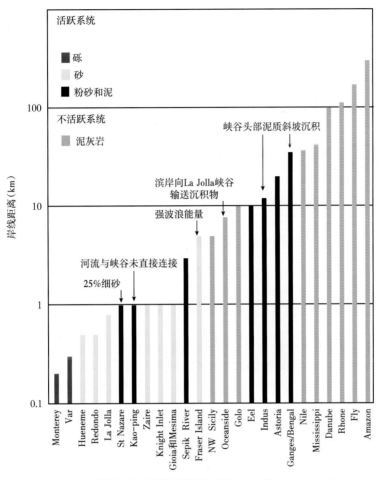

图 1-18 现代海底扇活跃度调查(据 Sweet 和 Blum,2016)

点(李华等,2022),等深流与重力流交互作用沉积可分为等深流与重力流沉积互层(Locker 和 Laine,1992;Moraes 等,2007;Viana 等,2007;Faugères 和 Stow,2008;Brackenridge 等,2013)、等深流改造重力流沉积(Faguères 和 Stow,2008;Mutti 和 Carminatti,2011;Mutti 等,2014;Gong 等,2013)及等深流与重力流同时作用(Fonnesu,2013;Palermo 等,2014;Sansom,2018;Fonnesu 等,2020)沉积三种。Fonnesu 等(2020)建立的三种作用的综合沉积模式具有极大的借鉴价值,代表目前的最新理论认识(图 1-19)。

三、深水沉积结构单元

1982 年 8 月,在宾夕法尼亚州的匹兹堡市举办第一届海底扇会议(COMFan Ⅰ),深水研究领域的多位专家意识到现代海底扇和基于露头研究的古老海底扇之间的对比极其困难,有必要形成一套不同领域学者都能使用的通用术语。

1985 年,Miall 探讨了河流结构单元的概念,用以体现河流相沉积在三维上的组成和形态变化信息。同年,Mutti 和 Normark(1987)在 Miall(1985)的基础上引入了深水沉积结构

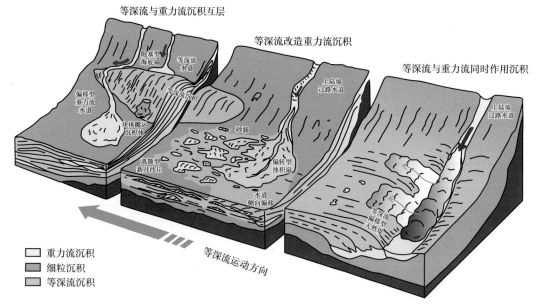

图 1-19　等深流与重力流相互作用的三种模式（据 Fonnesu 等，2020）

单元的概念，旨在建立一种古代和现代深水沉积体系都能识别（recognizable）和刻画（mappable）的结构单元术语。文中共识别出了共有的 5 种结构单元——水道、越岸沉积、朵叶体（或席状砂）、水道—朵叶体过渡带和侵蚀界面，认为这是深水沉积结构单元建立的里程碑。Pickering 等（1995）进一步将结构单元定义为具有一定几何形态（包括方位）、岩相特征和规模的一种解释性描述。而在 20 世纪 90 年代人们认识到海底扇模式的多样性和局限性之后，深水沉积结构单元尺度上的研究逐渐成为主流。

　　Mahaffie（1994）基于墨西哥湾北部深水勘探实践的总结，发表了一个由壳牌石油公司提出的沉积结构单元分类方案，其强调 3 种主要的含砂储层单元：席状砂（层状的或叠合的）、水道（单个的或多个叠置的）和由天然堤组成的薄砂层。这一方案更侧重于勘探实践中的储层砂体描述。Pickering 等（1995）认为大多数三维形态难以直接观测且具有限制性，主张从二维形态的角度对结构单元进行分类。Richards 等（1998）基于露头、测井和地震数据总结出了 5 种深水沉积结构单元——楔状体、水道、朵叶体、席状砂和滑动—滑塌沉积；同时指出这些结构单元的产状主要受沉积物粒度供给类型的控制。Posamentier 和 Kolla（2003）基于多个地区的三维地震特征总结了 5 种结构单元，分别是水道—天然堤、水道漫溢沉积物波与天然堤、前端扇或分支水道复合体、决口扇复合体、碎屑流水道—朵叶体—席状砂。Weimer 和 Slatt（2007）总结了工业界常用的 8 种结构单元类型，包括水道、凝缩段、朵叶体、块体搬运沉积、漫溢沉积、席状砂、滑动体和薄层。

　　国内学者在过去的 10 年中十分重视国外深水沉积结构单元最新研究成果的引进和应用，并利用地质露头、岩心、三维地震等基础资料进行了深水沉积特征的精细描述，现以深水水道和块体搬运沉积为例，介绍国内学者的重要研究进展。

1. 深水水道研究现状

深水水道是将沉积物从外陆架与深水平原联系起来的重要运移通道，也是工业界关注的重要储集类型。Weimer 和 Slatt（2007）以及 Pickering 和 Hiscott（2016）著的两本书中对深水水道的形态学、内部迁移和叠加方式、形成机理与演化模式等方面都做了详尽的介绍，而我国学者也已在这些领域取得了诸多建树，尤其最近几年发表了多篇综述性成果（肖彬，2014；尚文亮等，2020；李华和何幼斌，2020；刘飞，2021；周伟，2021）。根据中国学者发表的文献资料来看，对古代露头尺度的研究（肖彬等，2014；李华等，2018；黄文奥等，2020）刻画相对较少，而对现代硅质碎屑岩型深水水道的研究较多，体现在两个方面：一是对南海珠江口—琼东南盆地深水水道的精细研究，涌现了大批高质量文章（Yuan 等 2009；Gong 等，2013；Tian 等，2021），二是基于三大油公司海外勘探区块的数据，从勘探井发应用的角度对深水水道的讨论，包括西非安哥拉下刚果盆地（张文彪等，2015；张文彪等，2016；李全等，2019；陈华等，2021）、尼日尔三角洲盆地（赵晓明等，2018；Zhao 等，2019）、东非鲁伍马盆地（陈宇航等，2017；Chen 等，2020）、孟加拉扇（Ma 等，2020；Shao 等，2021；许小勇等，2022）、赤道几内亚里奥穆尼盆地（李磊等，2019）、北海马里弗斯盆地（杜宏宇等，2021）等多项重要成果。

2. 块体搬运沉积研究现状

块体搬运沉积包括滑动、滑塌和碎屑流沉积，现代海底扇的大部分表面常见块体搬运沉积，块体搬运沉积在地震上常表现为平行状、逆冲状、辐射状、杂乱状或丘状，连续性较差，底部可能具有侵蚀特征（Weimer 和 Slatt，2007）。一方面可以作为区域盖层，对深水圈闭评价具有重要意义（李磊等，2010；Weimer 和 Slatt，2007）；另一方面，它也是海底地质灾害常见的类型之一（王俊勤等，2019）。

国外对块体搬运沉积的研究多集中在沉积特征、触发机制及对后续沉积作用的影响等方面。Moscardelli 和 Wood（2007）在特立尼达和多巴哥建立了目前国际上接受度较高的块体搬运沉积的三分分类方案：第一类是与陆架相连，受海平面变化和沉积速率影响，由陆架边缘三角洲供给的块体搬运沉积；第二类是与大陆坡相连，由陆坡上部天然气水合物溶解或者地震引起的块体搬运沉积；第三类是局限性发育的块体搬运沉积，由局部海底的不稳定性垮塌触发。这种分类方案综合考虑了发育位置及触发机制，是目前对块体搬运沉积研究的重要总结。

中国学者对现代块体搬运沉积的研究较多，在油公司的海外区块取得了一部分研究成果（李磊等，2010；马宏霞等，2011；李磊等，2013），更多的研究是依托于南海的地震数据，对南海块体搬运沉积的形态和分布特征、成因机制分析及对储层影响等方面取得了重要的理论认识（Chen 等，2016；Sun 等，2017；Wang 等 2017；何玉林等，2018）。露头上块体搬运沉积常作为一种伴生沉积类型被描述和研究，其中野外识别最多的是滑塌和碎屑流沉积，在西藏那曲（李奋其等，2021）、西秦岭（孟庆任等，2007；刘炳强等，2020；黄文奥等，2020）等地区都有分布。

第三节 深水沉积未来发展方向

深水沉积未来会从地质露头、深海钻探、侧扫声呐、水槽实验、现代监测、工业地震、电缆测井、实验分析等多个方面、多角度地继续蓬勃发展，研究精度方面将走向多种沉积结构单元的定量描述，研究深度方面将走向深水沉积控制因素与机制分析，研究系统化方面将走向不同级别深水沉积结构单元参数特征的数据库建设。

一、深水沉积多尺度综合研究

从古代海底扇和现代海底扇的相模式比较开始，人们就意识到了现代深水沉积体系和古代深水沉积体系在研究方法和研究尺度上的差异（图1-20）。早期对现代深水沉积体系的研究主要借助于高分辨率地震勘探（小型震源），重力/活塞取心以及侧扫声呐数据，研究目的层段局限在浅层（常小于10m）。

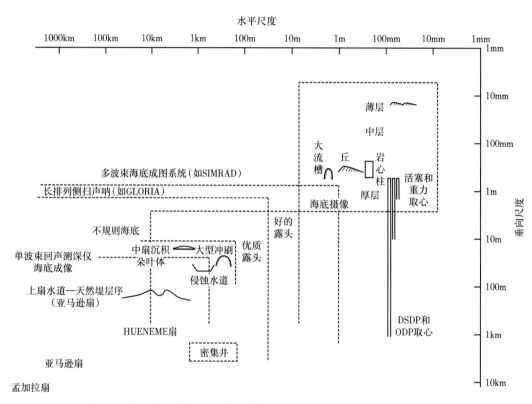

图1-20　深水沉积体系不同类型数据尺度范围（据 Weimer 和 Slatt，2007）

一方面，随着深水油气勘探开发进程的推进，更多高精度工业二维和三维地震数据在研究中得到应用，使得更大尺度的深水沉积体系得以详细描述，尤其在南海中央峡谷区获得了多项重要认识（Su 等，2014；Li 等，2017）；同时，通过岩心和测井资料能够辅助对深水沉积体系岩电特征、储层特征及构型等方面有更全面的认识（李建平等，2020），中国石油、中国海油和中国石化海外勘探团队在深水沉积岩心—测井—地震综合分析领域取得了丰硕的研究成果（陈宇航等，2017；赵晓明等，2018；孙辉等，2021；陈华等，2021；王敏等，2022）。另一方面，大洋深部钻探活动（DSDP、ODP、IODP）回答了诸多前沿科学问题，由中国科学家主导的 IODP367/368 航次获得了中国南海中新世深海红层和浊流沉积（苏晶和钟广法，2020），揭示了南海深海沉积环境的重大演变。

古代露头能直接反映深水沉积的岩相、地层变化特征等信息。然而受构造运动、变质作用以及出露情况等限制，在横向上和垂向上连续性都较好的露头屈指可数。国内的深水沉积露头相比于欧洲阿尔卑斯山脉、亚平宁山脉等露头时代相对较老，出露情况有限，目前取得较多研究成果的露头有南盘江地区（肖彬等，2014）、西秦岭地区（吴佳男等，2020）及松潘—甘孜地区（Zhang 等，2012）等。

张艳伟等（2018）、徐景平等（2004）通过现代监测，贺治国等（2019）、胡鹏和李薇（2020）通过物理实验和数值模拟的手段在更微观的流体尺度上研究了浊流的流变学特征、触发机制和搬运过程。可以说，国内目前对深水沉积多尺度综合研究已经取得了重要的进展。

二、深水沉积分级与定量研究

Cullis 等（2018）系统总结和比较了多种近年来流行的深水沉积分级方案，并得出因数据类型、沉积环境与研究尺度不同，很难将众多分级方案进行整合，也很难建立一个具有普适性的深水沉积分类方案。然而，分级方案类似于海底扇相模式，不存在一种相模式能够准确地表达所有的海底扇沉积特征，而实际工作中也不需要去刻意建立统一的模式标准。尽管深水沉积分级方案很难达到统一，但针对某一地区或者某一研究领域的相模式及分级方案研究仍然是必要的，前期分级化和模式化的研究成果会对后续的研究工作有着提纲挈领的指导意义。这里列举 5 种重要的分级方案并简要论述。

Mutti 和 Normark（1987）的文章可能是最早对深水沉积进行分类的方案（图 1-21a）。此文基于古代和现代的数据将深水沉积体系划分为五级，并给每一个级别分别定义了时间和空间尺度。值得一提的是，后续的所有分级方案很少会同时定义每一级别的时空标尺。Mutti 和 Normark（1987）的分类理念借鉴了早期层序地层学的某些思想（Vail，1977），第一级为 1~10Myr 盆地尺度的充填，第五级为 0~1kyr 的单层沉积。

在 Mutti 和 Normark（1987）之后，Ghosh 和 Lowe（1993）、Pickering 等（1995）都试图用界面的概念对深水沉积体系分级，然而，目前影响最大的分级方案是针对水道和朵叶体这两个深水沉积结构单元类别而建立的，对了解沉积结构单元内部的形成、演化等特征有重要的意义。以埃克森美孚石油公司 Sprague 等（2002，2005）和 Beaubouef（2004）为例，此方案是根据西非的地震数据和智利的露头建立的（图 1-21b），并被后续众多学者引用和借鉴（Abreu 等，2003；McHargue 等，2011）；而英国石油公司 Mayall 等（2006）则主张用层序界面来建立深水水道的分级，更强调岩相变化和叠加方式等特征（图 1-21c）。这两种几乎同时发表的、由工业界主导的水道分级模式都具有较高的实用价值，体现了油公司勘探开发对深水水道分级的实际需求。相反，朵叶体沉积结构单元的分级则是由学术界主导的，Deptuck 等（2008）采用 Golo 盆地浅层地震（小于 1m 的垂向分辨率）的数据将朵叶体分为四个级别（图 1-21d），Prelat 等（2009）基于南非 Karoo 盆地的露头数据同样将朵叶体分为四个级别（图 1-21e），然而正如上面所述，基于不同地区的不同资料（如地震和露头），不同分级术语的命名和指代的尺度仍有所不同。Deptuck 等（2008）基于地震的第二级朵叶体单元（lobe element）厚度为 2~20m，而 Prelat 等（2009）基于露头的第二级朵叶体单元（lobe element）厚度约为 2m。Prelat 等（2010）统计了 6 个地区多种数据来源（声呐、地震、露头等）的朵叶体沉积单元最大沉积厚度、分布面积等参数，将其划分为限制型和非限制型两种类型，并在此基础上尝试建立分级体系。这种分类方案是有意义的，更有利于去发掘不同尺

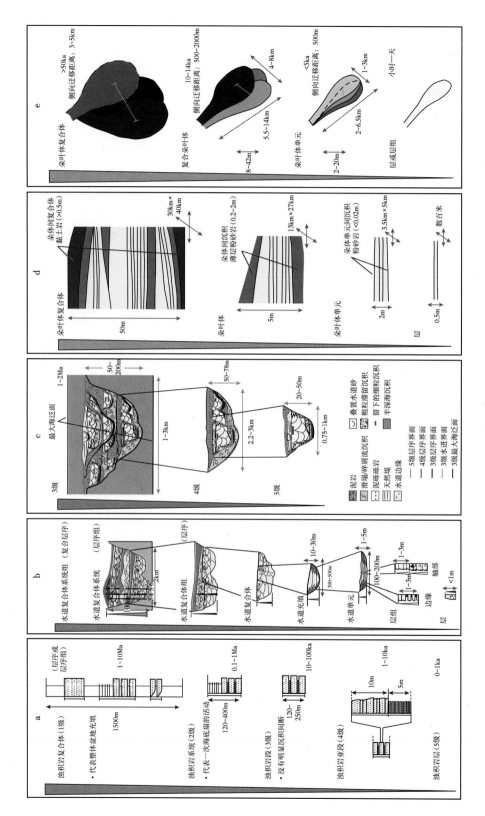

图1-21　深水沉积分级方案（据Cullis等，2018）

度结构单元的控制因素。

分类、分级的另一项重要意义就是进行深水沉积定量数据的收集与统计。在国内外地学数据库日趋成熟的背景下（史长义，2004），有必要尽早启动深水沉积专题的数据库建设，而这一方面英国利兹大学 DMAKS 数据库（Cullis 等，2019）已经走在了前列。自 Barnes 和 Normark（1985）对深水扇的统计工作以来，随着深水沉积结构单元研究的日渐深入，有必要对深水沉积体系分类、分级、量化体积、物性等参数，按照数据类型（地震、露头、岩心等）、构造背景、时代、体系主体粒度等多维度特征综合建立深水沉积数据库。

三、深水沉积机制与控制因素

前文对重力流、浊流、底流等相关概念与沉积机制做了简单地回顾与阐述，同时也注意到，深水沉积学动力学机制问题仍是未来研究的热点领域，如流体转换理论（Haughton 等，2009；Talling 等 2013b），内波、内潮汐的沉积作用与地层记录（高振中等，1996；王大伟等，2018；李向东，2021）。另一方面，深水沉积的控制因素也是未来需要重点攻关的方向。一般认为控制因素有两种——内因和外因，内因指盆地内在的过程和机制，外因指与沉积系统内因无关的外部控制因素，包括气候、海平面、构造和沉积供给等（Kneller 等，2009）。国外在这一领域已发表了大量文献（Stouthamer 和 Berendsen，2007；Blum 等，2018；Burgess 等，2019），Prelat 等（2009）认为内、外因结合控制了南非 Karoo 盆地中朵叶体体系沉积，在朵叶体单元尺度以内因控制为主，而在朵叶体复合体尺度以外因为主，而朵叶体尺度则可能受两种因素共同控制（图 1-22）。国内关于深水沉积结构单元尺度上内、外因控制因素的探讨还在不断摸索中。

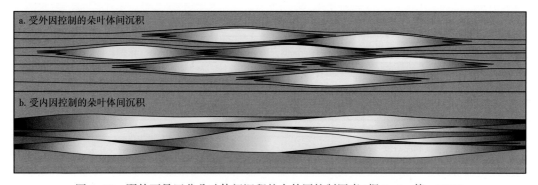

图 1-22 野外不易区分朵叶体间沉积的内外因控制因素（据 Prelat 等，2009）

a 中朵叶体间的细粒沉积物代表系统物源供给的减弱；b 中朵叶体间的细粒沉积代表朵叶体边缘

第四节 本书采用的相关术语

一、沉积物重力流相关术语

本书根据颗粒支撑机制采用的沉积物重力流四分方案：黏性流（cohesive flow）、超浓密度流（hyperconcentrated density flow）、高密度浊流（high-density turbidity current）和浊流（turbidity current），见图 1-23 和表 1-1。

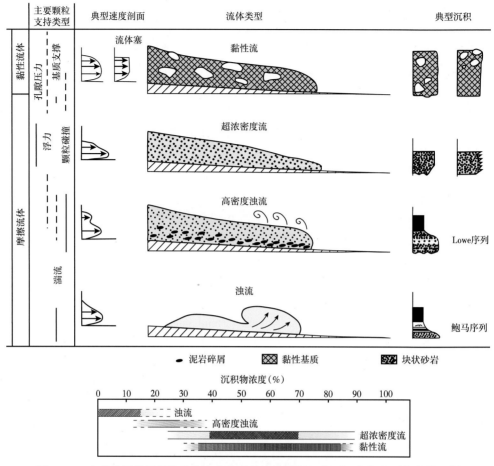

图 1-23 本书采用的沉积物重力流分类及其流体特征、典型沉积物和颗粒支撑机制
（据 Pickering 和 Hiscott，2016，修改）

表 1-1　本书采用的沉积物重力流相关术语（据 Pickering K. 和 Hiscott R.，2020，修改）

Pickering K. 和 Hiscott R.（2020）	近似替代术语	本书
（黏性）碎屑流和泥石流 （cohesive）debris flow & mudflow	碎屑流和泥石流 debris flow & mudflow	黏性流
膨胀砂屑流 inflated sandflow	液化流（Middleton 和 Hampton，1976） liquefied flow	超浓密度流
	变密度颗粒流（Lowe，1976） density-modified grain flow	
	非黏性碎屑流（Postma，1986） cohesionless debris flow	
	砂屑流（Nemec 等，1988；Nemec，1990） sandflow	
	砂质碎屑流（Shanmugam，1996） sandy debris flow	
	超浓密度流（Mulder 和 Alexander，2001） hyperconcentrated density flow	

Pickering K. 和 Hiscott R.（2020）	近似替代术语	本书
浓密度流 concentrated density flow	高密度浊流（Lowe，1982） high-concentration turbidity current	高密度浊流
浊流 turbidity current	低浓度浊流（Middleton 和 Hampton，1973） low-concentration turbidity current	浊流
	浊流（Mulder 和 Alexander，2001） turbidity flow	

　　碎屑流和泥石流都属于黏性流，以黏在一起整体移动为特征，黏性内聚力通常由带静电的黏土矿物产生。泥石流沉积物的砾石含量小于%，且泥比砂多，很少搬运粗粒沉积物，除非是孤立的大型块体；碎屑流沉积物由分选更差的沉积物组成（砾石含量大于5%，砂含量变化范围广），可能含有巨砾级的软沉积物或岩块，以及大型的漂浮块体，其沉积物称为碎积岩。碎积岩内部常表现为碎屑的随机排列或较大碎屑的叠瓦状排列；分选差，缺乏明显的内部分层。因为较高的基质强度，很少见到流体流动产生的沉积构造。

　　超浓密度流的体积浓度范围一般为40%~70%，以砂质颗粒为主，可能还有砾石。超浓密度流缺少明显的内聚强度，通常具有少量的间隙泥（interstitial mud）或较差的颗粒分选，其流动性主要依靠的是高孔隙流体压力以及颗粒之间的相互作用，由摩擦"冻结"导致沉积。常表现为块状构造、砂岩洁净（clean sand）及可能含有不同粒度形成的斑状构造（Talling 等，2013a）和大型泥屑。

　　高密度浊流体积浓度一般为15%~40%。在靠近底床的下段，可能形成层流并存在湍流抑制与颗粒沉降受阻。主要支撑机制为颗粒碰撞和分散压力，以整体快速沉积、底部反粒序构造、牵引毯构造和可能含有大型泥屑等为特征。

　　浊流是以湍流作为主要支撑机制的低密度牛顿流体，由头部、体部和尾部组成。其携带的沉积物分散在整个流体中，但流体底部的颗粒物浓度最高。沉积方式为逐层选择性沉积，其沉积物称为浊积岩。

二、水沉积结构单元相关术语

　　本书在 Weimer 和 Slatt（2007）的观点基础上建立了深水沉积结构单元的分类方案（表1-2）。而表中每种深水沉积结构单元，都是目前国内外深水沉积领域的热点和主流观点。

表1-2　深水沉积体系主要沉积结构单元特征表

结构单元	描述
峡谷（canyon）	海底峡谷常发育在大陆架中部和坡折带—上陆坡区的大型、深切的负地形地貌单元，是连接海岸区和深水区的重要物质搬运通道
水道（channel）	水道是由浊流形成的长条形的负地形单元，是一定时期内沉积物的输送通道。浊积体系中的水道形状和发育位置受沉积作用或下切侵蚀作用控制。水道特征可能以侵蚀作用为主，也可能以沉积作用为主，或是二者共同作用的结果

结构单元	描述
漫溢（overbank）	漫溢沉积物通常指浊流沉积体系中邻近主水道、横向分布范围较广的细粒的、薄层的浊流沉积物，它通常由两部分组成：（1）沿活动主水道边缘分布，具天然堤地形的漫溢沉积物；（2）没有大的地形起伏的远端漫溢沉积物
朵叶体（lobe）	现代沉积体系中，朵叶体指紧临于主水道的下倾斜坡处的砂岩沉积区。在古代沉积体系中，它们由近似平板状的、单层厚3~15m、非水道化的沉积体构成，单个朵叶体由相对较厚的粗粒砂岩层组成，两侧边界大致平行。
席状砂（sheet sand）	席状砂与朵叶体非常相似，野外露头以薄层状，侧向连续的几何形态为特征。根据其内部结构的不同可以进一步细分为叠合席状砂和层状席状砂。叠合席状砂由多个缺失顶层的鲍马序列堆积组合而成，具有高的砂地比。层状席状砂则由完整的或缺失底部Ta层的鲍马序列组成，具有低的砂地比
块体搬运沉积（mass transport deposits）	这一术语最初用于地震相描述，块体搬运沉积是再沉积产物。它们通常上覆在扇根的侵蚀面之上，部分覆盖扇端，侧向尖灭。地震上表现为平行状、逆冲状、辐射状、杂乱状或丘状，连续性差—中等，振幅变化大

三、朵叶体分级方案及相关术语

本书采用 Prelat 等（2009）基于南非 Karoo 盆地的露头数据建立的朵叶体沉积结构单元四分方案（图 1-24），由小到大分别是层（bed）、朵叶体单元（lobe element）、朵叶体（lobe）和朵叶体复合体（lobe complex）四个层级。朵叶体单元通常由 20cm 以下的粉砂岩隔开，朵叶体由朵叶体间富粉砂质的细粒薄层沉积隔开，朵叶体间沉积一般厚 0.2~2m，而朵叶体复合体由半深海沉积隔开，半深海泥岩厚度一般大于 0.5m。这套分类体系同样适用于野外富砂朵叶体沉积结构单元的描述，每个层级的体积系数量级具有很好的借鉴意义。

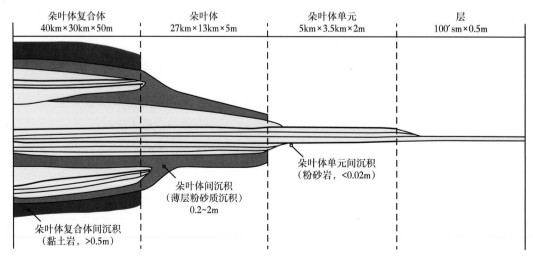

图 1-24　本书采用的朵叶体沉积结构单元分级方案

综上所述，本章首先从深水沉积体系的基本概念出发，介绍了沉积物重力流、浊流、底流和等深流等相关术语，综述了 4 个流体机制分类方案；其次，对深水沉积研究历程进行了简要回顾，着重介绍了 6 个典型岩相序列和分类方案，回顾了 20 世纪 70 年代至今海底扇模式从提出、发展到 20 世纪末逐渐成熟的过程，并对深水沉积结构单元分类方案以及深水水道/块体搬运沉积结构单元进行了简要论述；最后，对未来深水沉积学科发展方向提出了三点展望，并阐明了本书中所采用的深水沉积描述方案及术语。

时至今日，人们对深水沉积的认识仍然处于不断地发展和完善中。值得庆幸的是，国内从事深水沉积研究的学者和高平水平文章正在不断涌现。期待有机会再次组织深水沉积大会，届时，能有地质露头、深海钻探、水槽实验、重力流监测、工业地震、电缆测井、实验分析等各个领域的同仁欢聚一堂，共襄盛举！岂不快哉！

第二章 区域地质背景

20世纪70年代以来，中国区域地质研究全面铺开，从板块构造、造山活动、动力机制等方面探讨了大地构造划分和构造发展阶段及构造沉积响应，地质认识不断推陈出新。本章主要针对与青海隆务峡地区三叠系相关的区域地质研究成果进行综述，由区域构造特征、区域地层分布和区域沉积特征三个方面的内容组成。其中，区域构造特征简要论述研究区大地构造格局及构造演化特征，区域地层分布着重论述三叠系及相邻层系地层分布特征，区域沉积特征重点论述三叠纪沉积古地理背景与沉积特征，突出青海隆务峡周边典型深水沉积露头研究状况的调研和总结。

第一节 区域构造特征

一、大地构造格局

青海隆务峡地质露头位于青海省同仁县北部和尖扎县南部的隆务河河谷地带，周缘重峦叠嶂奇峰突起，沟谷纵横交错峭壁陡立，隆务河水流湍急蜿蜒曲折，地质露头中的褶皱和断裂等构造现象复杂多变，沉积类型和沉积特征十分丰富。

青海隆务峡地区在大地构造上隶属于秦祁昆造山系的西秦岭造山带。在早—中三叠世，隆务峡地区处于西秦岭弧盆系北缘，周缘与祁连陆表海盆地、柴达木隆起、东昆仑陆缘岩浆弧、南昆仑—布青山俯冲增生杂岩带、南秦岭被动陆缘盆地、玛多—勉略蛇绿混杂岩带等相邻；在新生代，隆务峡地区处于共和压陷盆地和合作压陷盆地之间的造山带内（潘桂堂，2016）。

现今构造格局中，西秦岭造山带通常北以青海南山断裂—武山断裂为界，毗邻祁连造山带，南以阿尼玛卿断裂—略阳断裂为界，紧邻松潘—甘孜造山带，西与柴达木和东昆仑地块以瓦洪山断裂为界，东与东秦岭以徽成盆地相隔（图2-1；张国伟，2004；闫臻，2012；陈永振，2013；黄雄飞，2016；董云鹏，2019）。

二、区域构造演化

西秦岭造山带的基底形成于太古宙—古元古代，自新元古代罗迪尼亚超大陆裂解以来，先后经历秦—祁—昆大洋演化、华北—扬子碰撞造山、板内伸展和陆内叠覆造山等阶段（冯益民，2003；黄雄飞，2016）。其中，板内伸展阶段始于中—晚泥盆世，形成了西秦岭北带活动大陆边缘弧后盆地，其向西可连通至东昆仑陆缘弧北侧，盆内发育了斜坡滑塌沉积、斜坡底裙沉积和斜坡底扇沉积体系，部分浊积岩沿着活动断裂发育，且伴随着强烈的火山活动，形成了基性岩—中性岩—酸性岩成分系列构成的火山—侵入岩组合，火山岩主要以

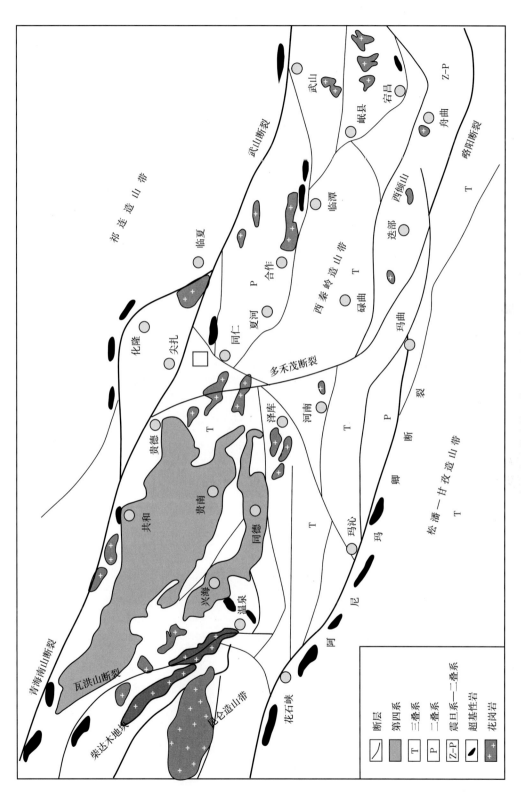

图 2-1 研究区大地构造位置简图（据冒冒臻，2012，修改）

图中红框为隆务隆务峡所处位置

玄武岩、安山岩、英安岩、流纹岩和火山角砾岩为主，侵入岩主要为辉长岩、闪长岩、花岗闪长岩、花岗岩、石英斑岩等（解小龙，2015）；至中三叠世末期，板内伸展作用减弱，出现陆内造山作用，西秦岭弧后盆地发生构造反转，西秦岭南带快速沉降，开始接受深水相沉积（图2-2）。

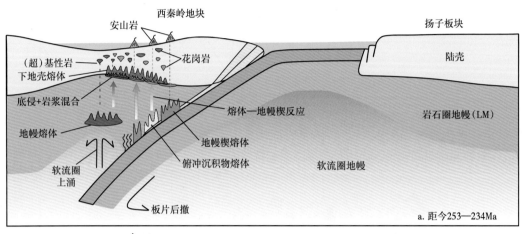

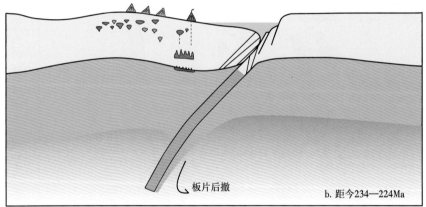

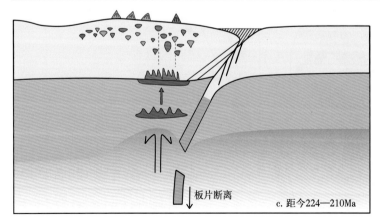

图2-2　西秦岭造山带印支期构造演化模式图（据黄雄飞，2016，修改）

中泥盆世至早—中三叠世陆表海盆的广泛发育是西秦岭造山带的最大特点，而陆表海的形成尚存在诸多争议。一种观点认为西秦岭从中—晚泥盆世到中二叠世处于板内伸展阶段，而非板块构造体制下的洋—陆格局，三叠纪的印支造山属于叠覆造山，而非碰撞造山；另一种观点认为陆表海与西秦岭南侧勉略洋盆的发育和俯冲有关，西秦岭在中三叠世后转入了陆—陆碰撞阶段（冯益民，2003；张国伟，2004；黄雄飞，2016）。

从大量区域构造和沉积特征研究成果综合分析，认为西秦岭造山带二叠纪—三叠纪经历了洋—陆俯冲碰撞的演化过程，青海隆务峡地区早—中三叠纪发育弧后盆地，总体上处于主动大陆边缘构造背景，在早三叠世深海区沉积了大套深水重力流沉积体系，为典型深水水道—朵叶体沉积，以碎屑岩沉积为主，夹碳酸盐岩、火成岩，常见滑动—滑塌构造、鲍马序列等。

第二节 区域地层特征

根据青海省岩石地层序列表（张雪亭等，2007），区域地层横跨秦—祁—昆地层区和巴颜喀拉—羌北地层区，主要有中—南祁连分区、东昆仑南坡分区、宗务隆—泽库分区、西倾山分区、阿尼玛卿山分区、巴颜喀拉山分区，以中生代沉积为主（表2-1，图2-3）。

青海隆务峡地区地层归属华北地层大区、秦—祁—昆地层区、宗务隆—泽库地层小区。为了更好地开展工作，本书采用罗根明等（2007）在同仁地区的地层划分方案，从老到新划分为上二叠统格曲组（P_3g）、下三叠统果木沟组（T_1g）和江里沟组（T_1j），中—上三叠统古浪堤组（$T_{2-3}g$）和侏罗系羊曲组（$J_{1-2}yq$），详细划分方案及与其他地区的地层对比关系见表2-1，本书深水沉积露头地层为下三叠统果木沟组和江里沟组。

一、上二叠统格曲组（P_3g）

上二叠统格曲组沉积以深海—半深海相深灰色泥岩为主，其次为灰色粉砂岩、粗砂岩、局部含砾岩，以及石灰岩、硅质灰岩和陆源碎屑岩。成分成熟度低，分选差，磨圆为次圆—次棱角状。

二、三叠系（T）

三叠系深水沉积地层主要分布于西秦岭盆地、共和盆地以及巴颜喀拉盆地，其中西秦岭盆地和共和盆地沉积时期连为一体，巴颜喀拉盆地以岛弧与西秦岭和共和盆地相隔，青海隆务峡地区属于西秦岭—共和盆地，地层划分为果木沟组、江里沟组和古浪堤组。

1. 果木沟组（T_1g）

果木沟组岩性主要为灰色、深灰色复成分砾岩、细砾岩、不等粒含砾凝灰质长石岩屑砂岩、含砾粗砂岩、长石岩屑砂岩、粉砂质泥岩，局部见安山岩、流纹岩。下段为灰绿色的中—粗粒长石石英砂岩与灰绿色板岩互层；中段为一套角砾状灰岩和碎屑岩夹少量泥灰岩，碎屑岩主要为中—粗粒长石石英砂岩和含砾的长石石英砂岩；上段主要为一套深灰色的碎屑岩，主要有砾岩、复成分砾岩、含砾长石石英砂岩等，夹有少量的泥质灰岩。

表 2-1　研究区二叠纪—侏罗纪岩石地层划分对比表

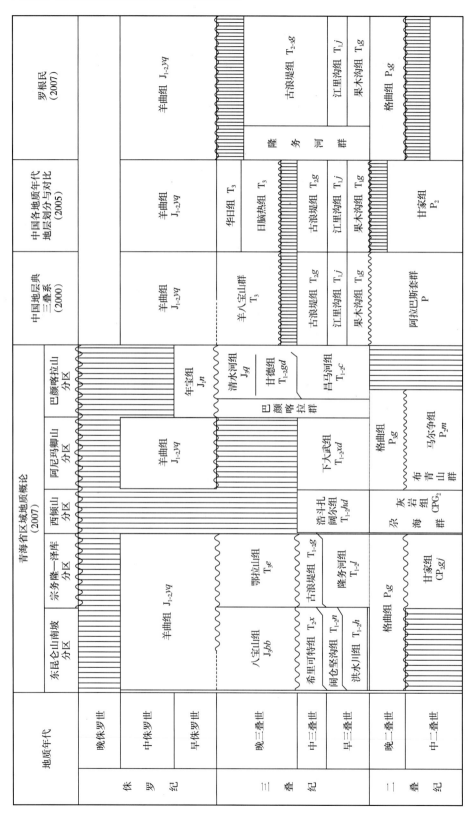

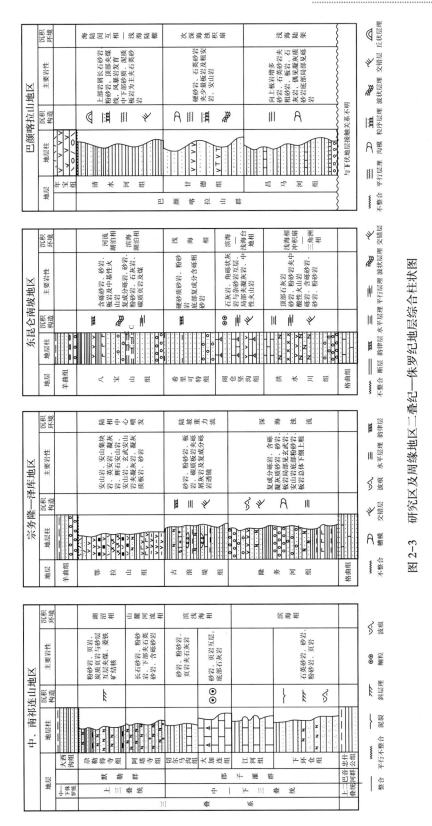

图 2-3 研究区及周缘地区二叠纪—侏罗纪地层综合柱状图

2. 江里沟组 ($T_1 j$)

江里沟组岩性主要为灰色的泥质灰岩、砂屑灰岩、砂屑颗粒灰岩、砾屑灰岩夹少量陆源碎屑岩，碎屑岩主要为长石石英砂岩、细砂岩和少量砾岩。下段为一套不纯的内源碎屑浊积岩，发育正粒序层理、水平层理、包卷层理、平行层理；上段为一套风暴岩沉积，常见丘状层理，正粒序层理、包卷层理和水平层理也较为发育。

3. 古浪堤组 ($T_{2-3} g$)

古浪堤组与江里沟组 ($T_1 j$) 整合接触，岩性主要为灰色、深灰色粗粒长石石英砂岩、粉砂岩、板岩、碳质板岩夹砾屑灰岩及砾岩。下段由砂岩与泥板互层段和灰绿—灰褐色厚—巨厚层不等粒岩屑长石砂岩偶夹薄层灰—深灰色粉砂质、泥质板岩段组成；上段由灰白、肉红色厚—巨厚层状含砾岩屑长石砂岩、灰色中厚层岩屑长石砂岩夹灰色、灰紫色粉砂岩、板岩段和砂岩夹板岩段和灰色中薄层状中细粒岩屑长石砂岩夹灰色板岩、粉砂岩段组成。

三、侏罗系羊曲组 ($J_{1-2} yq$)

在挤压构造背景下，地层零星分布，与下伏三叠系地层呈角度不整合接触。底部为杂色砾岩和砂砾岩，其上为灰色岩屑砂岩、岩屑长石砂岩、长石石英砂岩、粉砂岩、黏土质页岩或泥岩、碳质页岩的韵律互层，夹砾岩、煤层、菱铁矿结核层，有时出现油页岩或石灰岩夹层 (张雪亭等，2007)。

第三节 区域沉积特征

一、岩相古地理特征

西秦岭地区的地质调查工作始于 20 世纪 30 年代，老一辈地质学家赵亚曾、黄汲清、叶连俊等在此开展了地层、构造方面的研究。20 世纪 60 年代板块学说的诞生为古地理研究提供了理论基础并推动了这一领域的发展。20 世纪 70 年代，冯益民等 (1980) 通过对西秦岭混杂堆积的研究，认为西秦岭在长期的地质历史时期中，都处于古海洋发展阶段，只是到了三叠纪末才结束了古海洋的历史，成为连接南北的褶皱山系。

20 世纪 90 年代至 21 世纪初，先后有多位学者专家对西秦岭地区三叠系的岩相古地理和沉积相特征进行了研究和总结。

赵江天等 (1991) 在甘肃合作地区的三叠系地层中识别出浊流沉积、碎屑流沉积，并对古生物遗迹化石和钙质超微化石进行了分析，认为研究区在早三叠世为深海盆地，早三叠世晚期至中三叠世为斜坡环境。

赖旭龙等 (1995) 在详细研究秦岭地区三叠纪生物地层、生态地层、沉积相、岩相古地理、生物古地理、地球化学及古地磁的基础上，对秦岭三叠纪海盆宽度、海盆性质进行了讨论，认为三叠纪秦岭海为喇叭状向西开口的裂陷槽，由于印支运动的影响，秦岭海盆规模不断缩小，沉陷中心向南迁移，最终于晚三叠世末消退。

晋慧娟 (1995) 对甘肃合作、夏河、临潭和岷县等地晚二叠统至早—中三叠统中的遗迹化石进行了研究，认为遗迹化石指示的海水深度介于斜坡环境范围内，最深不超过 2000m，且呈现出西深东浅的趋势。

　　杨逢清（1996，1997，2000）先后对四川马拉墩、若尔盖和壤塘县三叠统中的遗迹化石和遗迹相进行了研究，认为研究区主要位于陆坡下部至深海盆地的沉积环境。

　　晋慧娟（2001）对甘肃卓尼县中三叠世巨厚复理石相进行了沉积学研究，主要是以浊流为主的深水块体流沉积，同时也发现了深水牵引流沉积的特征，如等深积岩和内波、内潮汐沉积，形成了不同类型，不同规模的交错层理，该地区的海底扇特征介于被动边缘和活动边缘之间，属于不成熟被动边缘的海底扇。

　　林启祥等（2003）论述了秦祁昆结合带早—中三叠世不同地区的沉积环境、盆地格架、构造古地理等特征。根据岩石组合特征、沉积特征和古生物化石组合，分析西秦岭水体较深，是以砂岩、板岩为主的半深海环境。

　　朱迎堂等（2009）通过实地测量，对青海省的岩相古地理特征进行了总结，并首次编制了青海省石炭纪—三叠纪的岩相古地理图（图2-4）。三叠纪古地理面貌继承了古特提斯洋发展的特点，洋壳向北部昆仑继续俯冲增生，东昆仑火山岩浆弧扩大，南部的乌兰乌拉—治多火山岩浆弧继续存在。青海北部巴颜喀拉及西秦岭地区为半深海—深海环境，海水向北侵入，到达南祁连地区。三叠纪末古特提斯洋闭合，众多专家认为主洋在青海省东南三江地区，青海祁连、柴达木及昆仑古陆联合，随之南部松潘—甘孜褶皱带形成。

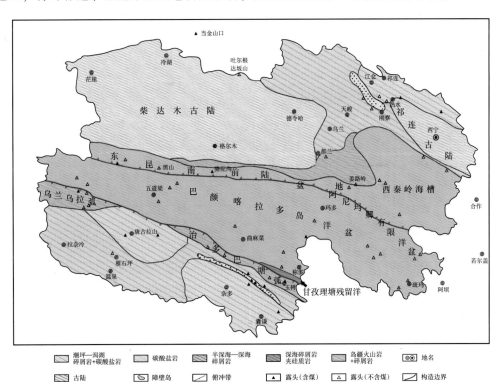

图2-4　青海省三叠纪岩相古地理图（据朱迎堂等，2009，修改）

　　针对西秦岭地区三叠纪的岩相古地理特征不同学者的认识差异不大，西秦岭地区三叠纪整体处于斜坡—半深海环境，早三叠世水体相对较深，以半深海相为主，随后水体逐渐变浅，表现为主动陆缘斜坡环境，至晚三叠世古海洋因碰撞而消亡。

二、周边典型露头研究现状

20世纪70年代，冯益民等开始对西秦岭三叠系的沉积学特征开展研究，早期针对西秦岭地区野外露头沉积特征的研究主要集中在川西北和甘南地区（冯益民等，1980；赵江天等，1991；晋慧娟等，1995，2001；何海清，1996；杨逢清等，1996，1997，2000），青海范围内相关方面的研究较少。

2007年，罗根明等在青海省同仁地区的隆务河一带发现了出露较好的二叠系—三叠系剖面，随后针对西秦岭地区三叠系这套深水沉积砂岩的研究，逐渐从川西和甘南地区转移至青海省内。

随着国际深水油气勘探的飞速发展，国内针对深水沉积地质露头的研究也逐渐步入高潮。近年来，中科院、中国地质大学、中国矿业大学、长安大学、西南石油大学以及油公司研究院等多个单位的专家、学者对西秦岭三叠系这套深水沉积在多个地方开展了多方面的研究。先后在青海省的泽库、贵南、循化、共和等地开发出新的露头剖面（图2-5）。下面根据各剖面的特征及研究进展情况，对周边5个典型的深水沉积剖面特征进行简单介绍。

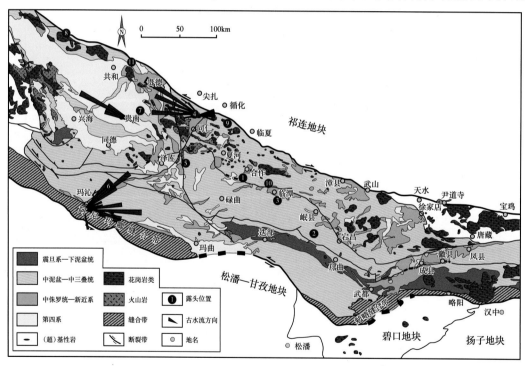

图2-5 西秦岭地区三叠系典型深水沉积露头分布图（据黄雄飞，2016，修改）

1. 甘肃合作：赵江天等（1991），黄文奥等（2020）；2. 甘肃岷县：晋慧娟等（1995），何海清（1996）；
3. 甘肃临潭—卓尼：晋慧娟等（1995，2001），4. 青海同仁：罗根民等（2007），陈锐明等（2009），郁东良（2012），吴佳男等（2021）；5. 青海泽库：岳素伟（2010）；6. 青海玛沁：陈震（2012）；7. 青海贵南过马营：彭志军（2016）；8. 青海文巴地：冯乐（2016）；9. 青海循化道帷：颜全治（2017）；10. 甘肃临潭：梁国冰（2019），高翔宇（2019）；11. 青海共和：刘斌强（2020）

1. 同仁剖面

同仁剖面位于同仁北部，G213 国道旁，海拔约 2200m。罗根明等（2007）对该剖面进行了详细的岩石地层划分和时代的初步厘定，确定了该区的二叠纪—三叠纪界线；并对该剖面进行了详细的沉积相分析，较详细地恢复了该地区的古海平面变化和古沉积环境特征。

结合前人资料和最新研究成果，罗根明等（2007）将该剖面自下而上划分为上二叠统石关组、下三叠统果木沟组和江里沟组，其中江里沟组又细分为下部的浊积岩段和上部的风暴岩段。

陈锐明等（2009）对这套风暴岩沉积开展了较为深入的研究，主要的沉积构造包括丘状交错层理、平行层理、震荡波痕和准同生变形构造。风暴岩的下部以远源风暴岩为主，许多沉积构造指示较深水的特征，且与浊流事件同时出现，可能形成于斜坡半深海环境。风暴岩的上部水体变浅，以近源风暴岩为主，位于风暴浪基面附近。

通过对该剖面详细的沉积相分析，罗根明等（2007）认为石关组、果木沟组和江里沟组浊积岩段处于大陆斜坡边缘半深海环境，其中石关组和果木沟组处于活动裂陷槽大陆边缘，而江里沟组浊积岩段处于构造较稳定区。

吴佳男等（2021）根据详细的野外剖面测量和描述，探讨了同仁剖面发育重力流的流体类型与沉积结构单元特征。按照岩性特征，识别出碎屑流沉积、高密度浊流和低密度浊流沉积等三种重力流沉积类型；根据岩性组合特征及地层空间展布特征，同仁剖面定为朵叶体/朵叶体复合体的沉积结构单元。

2. 泽库剖面

泽库剖面位于泽库县城东 4km，地处高原地带，平均海拔大于 3600m，气候干燥寒冷，冰冻期长，山区平均气温在零度以下的时间长达七个月，年最低气温达−32℃，昼夜温差大；另外，泽库县城到研究区的道路在雨季经常发生坍塌，造成交通的中断，交通不甚便捷。

岳素伟（2010）参照 1:20 万泽库地质调查报告（1973），并结合化石鉴定及沉积学分析，对研究区三叠系地层进行了重新厘定。将其划分为下三叠统隆务河组、古浪堤组。

隆务河组与古浪堤组岩性主要为细砂岩与板岩组成，区别在于古浪堤组中砂岩一般呈灰绿色，隆务河组中一般颜色较深，为灰色；隆务河组中发育硅质板岩，上部可见钙质板岩，至隆务河组顶部发育泥质条带灰岩、灰紫色板岩，说明了水体不断变浅的过程；古浪堤组以碎屑岩为主，可见大量不稳定砾岩层，隆务河组少见，同时在三叠系古浪堤组采集到多个菊石化石，化石组合为典型的早三叠世产物（图 2-6）。

通过对研究区下三叠统 4 条剖面的实测（总长度 21.25km），将研究区划分为砾岩相、砂岩相、粉砂岩相和泥岩相 4 种岩相类型，并根据沉积构造、颜色进一步划分为 14 种岩相单元组合。

通过对生物化石和岩相单元组合特征的分析，认为研究区内下三叠统的沉积环境为大陆斜坡沉积环境。另外，根据砂岩、泥岩氧化物及稀土微量元素的分析，进行构造背景投图，隆务河组位于活动大陆边缘，古浪堤组位于大陆岛弧环境，表明早三叠世开始研究区内构造环境由活动大陆边缘向大陆岛弧转变。

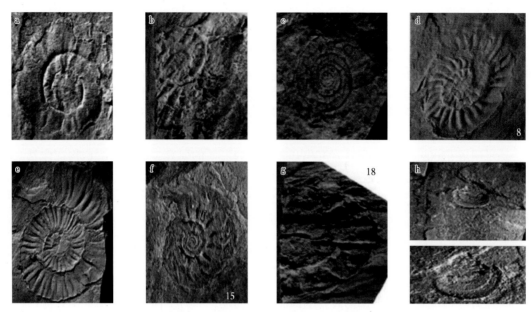

图2-6 泽库地区三叠纪菊石及双壳类化石(据岳素伟,2010)

3. 贵南剖面

贵南过马营地区三叠系隆务河组出露范围广,厚度较大,岩石类型简单,主要为粉砂岩类和砂岩类,夹不稳定细砾岩,偶见石灰岩透镜体。砂岩类岩石有长石石英砂岩、长石杂砂岩、长石石英杂砂岩和少量钙质砂岩,砂岩总体杂基含量较高,碎屑物磨圆、分选较差。

砂岩中发育包卷层理、交错、波状及平行层理,偶见粒序层理;粉砂岩中发育水平层理、交错层理及包卷层理(图2-7)。发育鲍马序列 ACD-BC-CD-AB-ABCD-AC 段,局部出现石灰岩透镜体,总体上显示浅海—半深海的浊积岩特征。

过马营一带隆务河组剖面自下而上整体可划分为 3 段。第一段岩石粒度总体较细,横向上粒度较稳定,砂岩与粉砂岩多为互层特征,局部发育厚层粉砂岩和泥岩。泥质粉砂岩

图2-7 不对称流水波痕(a)及包卷层理特征(b)(据彭志军,2016)

发育小型斜层理、水平层理，说明水动力弱，属低密度浊流，主要发育鲍马序列 CD 段，解释为浊积扇外扇沉积。

第二段岩石粒度变化较大总体以砂岩、泥质粉砂岩为主，夹多层砾岩，其中砂岩与粉砂岩多互层出现。沉积构造较发育，可见粒序层、斜层理、平行层理、包卷层理（图 2-8）等。多处发育砾岩层，砾石磨圆较差，分选中等，以石英砾石和砂岩砾石为主，含部分石灰岩砾石。该段岩石侧向上粒度变化较大，水动力总体较强，以高密度流为主，解释为浊积扇的中扇沉积。

第三段以砂岩、泥质粉砂岩、块状泥岩为主，夹砾岩、石灰岩透镜体。沉积构造有递变层理、小型斜层理、交错层理、平行层理、波痕等。砾岩多为细砾岩，局部砾石较大，磨圆、分选较好。部分砂岩层面可见不对称的流水波痕（图 2-8），说明此处可能为近源水道，水动力较强，解释为浊积扇内扇沉积。

4. 共和剖面

共和剖面位于共和盆地北部，区内早三叠世隆务河组沉积厚度超过 5000m（青海省地质矿产局，1991；孙崇仁等，1997），在柳梢沟、青海南山、多隆沟、孕海滩等地发育多条典型剖面，海拔 3200m 左右。

刘炳强（2020）通过野外剖面实测和室内镜下薄片鉴定相结合的方式，对岩石结构和沉积构造特征进行描述，并探讨了背后所蕴含的复杂深水沉积过程。共和盆地早三叠世深水沉积主要包括 3 种类型：滑塌型深水重力流沉积（图 2-8，图 2-9）、底流沉积（图 2-10）以及深水悬浮沉积，其中滑塌型深水重力流沉积又可识别出滑塌沉积、砂质碎屑流沉积与浊流沉积 3 种类型。

滑塌沉积常见以同沉积褶皱为代表的多种软沉积物变形构造（图 2-11）；砂质碎屑流沉积以块状砂岩为主，内部可见砂质团块、泥砾或泥质撕裂屑，块状砂岩顶底与相邻岩层均为突变接触；浊流沉积普遍发育正粒序，可见不完整的鲍马序列，底面常见多种类型的底模构造；底流沉积发育多种牵引流沉积构造。

图 2-8　共和盆地早三叠世砂质碎屑流沉积特征（据刘炳强，2020）

共和剖面软沉积物变形构造类型丰富，刘炳强（2020）认为滑塌层内的软沉积物变形构造主要在斜坡滑塌过程中形成；未发生滑塌的层内软沉积物变形构造主要是地震导致沉积

图 2-9　共和盆地早三叠世浊流沉积特征（据刘炳强，2020）

图 2-10　共和盆地早三叠世底流沉积特征（据刘炳强，2020）

图 2-11　共和盆地早三叠世软沉积物变形构造（据刘炳强，2020）

物发生液化和流体化作用而形成。

在综合分析盆地构造背景、深水沉积分布规律、重力流触发机制、古水流恢复的基础上，刘炳强（2020）建立了共和盆地早三叠世滑塌型重力流主导的深水沉积模式。滑塌型重力流主要由地震以及火山事件触发，水道化的地区会形成大面积的海底扇沉积体系。底流作为深水环境中不可忽视的动力因素，往往会对重力流沉积进行后期改造而使其物性变好。深水悬浮沉积作为一种背景沉积，在重力流事件的间歇期成为主要的深水沉积物。

5. 直合隆剖面

直合隆剖面位于甘肃省西南部的甘南藏族自治州合作市的西南方向，处于青藏高原和黄土高原过渡地带，海拔 3000m 左右，地势西北部高，东南部低。

直合隆地区发育多处出露较好的早—中三叠统隆务河组浊积岩露头，前人研究认为合作地区在早三叠世至中三叠世为深海盆地到斜坡环境（赵江天等，1991）。黄文奥等（2020）根据直合隆地区出露较好的露头剖面，进行了测量和解剖，认为该区发育典型的深水水道沉积。

根据重力流类型及静水条件下所发生的沉积现象，黄文奥等（2020）总结出 6 种岩相类型：（1）滑塌岩相，识别标志为变形结构；（2）碎屑流相，主要特征为块状砂岩且底面平坦，砾石顺层排列等；（3）超高密度流相，表现为块状砂岩，具较弱正粒序结构，部分砂体可见逆粒序结构；（4）高密度浊流相，底部为块状砂岩，上部为正粒序结构，发育平行层理或交错层理；（5）低密度浊流相，识别标志为"鲍马序列"；（6）深海泥岩相，为黑色纯净泥岩或灰黑色泥质粉砂岩、粉砂质泥岩（图 2-12）。

通过剖面的横向追踪对比，结合不同沉积环境下的岩相占比及砂体堆叠样式，黄文奥等（2020）归纳总结出 3 种沉积单元：（1）限制性水道，以超高密度流相占主导地位，其次为碎屑流相，砂体叠置较为杂乱，且砾石或泥砾广泛存在，充填砂体的粒度偏粗；（2）弱限制性水道，以超高密度流相占主导地位，其次为低密度浊流相，砂体连续性较好且叠置较为规则，整体粒度较细；（3）水道天然堤，主要为低密度浊流相和深海泥岩相的砂泥薄互层。

在此基础上，黄文奥等（2020）进一步开展了古水流恢复等工作，并建立了深水水道沉积演化模式：早期限制性环境下水道较顺直，水道较窄，砂体叠置关系复杂；中期限制性环境相对早期有所减弱，水道弯曲度增大，水道变宽，出现溢岸沉积，砂体叠置关系复杂；晚期为弱限制性环境，弯曲水道两侧发育天然堤，砂体叠置规整。

整体来讲，西秦岭地区三叠系野外露头出露的范围较广，但是针对野外露头沉积相的工作整体还不够深入，主要开展的工作以地层的厘定，岩相的划分，沉积构造的解释为主，针对沉积相的研究大多还停留在扇模式阶段。近几年，黄文奥等（2020）、吴佳男等（2021）已尝试从沉积结构单元的角度开展沉积相方面的研究工作。本书以青海同仁剖面为重点研究对象，在详细测量和描述露头剖面特征的基础上，进一步开展了岩相及沉积结构单元的划分，并在前人研究的基础上，对研究区的沉积机理和沉积模式进行了探讨。

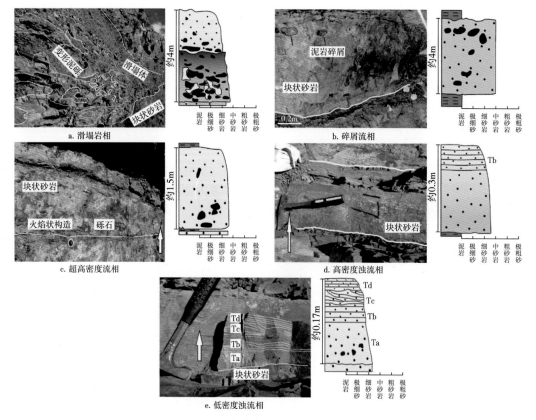

图 2-12 直合隆地区岩相类型总结

第三章　地质露头整体特征

第一节　露头概况

一、露头位置

隆务峡三叠系深水沉积地质露头位于青海省黄南藏族自治州尖扎县的南部，交通便利，路况良好。露头位置距离西宁曹家堡机场约110km，从机场乘坐汽车经S11高速约两小时车程可抵达。露头观察位置位于G213国道边，距离尖扎县城和同仁县城各约30km，从尖扎县城或同仁县城乘车经G213国道抵达，约半小时车程。

露头剖面沿G213国道分布，实测剖面分别位于国道G213隆务峡1号隧道的南、北两端，隧道南部实测剖面距离隧道约250m，剖面长度约300m；隧道北部实测剖面距离隧道约1km，靠近古浪堤村，剖面长度约130m（图3-1，表3-1）。

图3-1　野外露头实测剖面位置卫星照片图（黄线表示实测剖面位置）

表3-1　野外露头剖面坐标信息表

剖面名称		纬度	经度	海拔（m）
隧道南剖面	起点	N35°44.7190′	E102°03.0873′	2133
	终点	N 35°44.9083′	E 102°03.1094′	2133

剖面名称		纬度	经度	海拔（m）
隧道北剖面	起点	N 35°45.4431′	E 102°03.5634′	2077
	终点	N 35°45.4729′	E 102°03.6375′	2074

二、注意事项

野外踏勘存在一定的风险，在开展野外工作前必须做好充足的准备工作，野外工作期间需时刻注意风险防范。隆务峡三叠系深水沉积野外地质工作的注意事项包括气候、地理、民俗等方面，主要有以下几方面：

（1）气候。研究区海拔约 2000m，属高原大陆性气候。其特点是温度垂直变化明显，地区差异显著；气温日差较大，日照强，降水变率大，雨热同季。因此，最佳野外作业时间为每年的 6 月至 9 月。行前需准备好防晒和遮阳用品，野外工作期间注意防晒，建议穿着长袖、长裤，在防晒的同时，也能起到保暖作用。

（2）露头。露头陡峭直立，部分位置悬空，要时刻警惕上方落石，必须时刻佩戴安全头盔，攀爬时更需注意保持一定安全距离，以防砸伤。沿公路观察和实测时，要注意警惕公路上的来往车辆，加之地处高海拔地区，避免疾跑。工作人员需要穿着警示服（图 3-2），同时要与河边保持一定安全距离，防止不慎落水。雨季时应特别留意山体滑坡和高空落石，并避免暴雨过后直接进行野外作业。另外，露头局部区域生长荆棘类灌木，需要避免划伤、刺伤。也要注意预防蚊虫叮咬，携带风油精等药品。

图 3-2　身着警示服、佩戴安全帽作业的工作人员

（3）驾驶。国道为早期沿山修建国道，道路较窄，双车道，局部道路仅容两辆车交会，且基本为弯道，弯道角度大，旁边为峭壁或悬崖，或为河谷，驾驶有一定风险。路上常会有落石，存在爆胎风险，需要聘请经验丰富司机驾驶越野车辆进行野外工作。

（4）后勤保障。黄南藏族自治州首府同仁县和尖扎县均可作为野外工作基地，医疗和食宿条件较为发达，可作为物资和后勤保障地。由于地处高海拔地区，更需注意饮食安全，特别是携带午餐时，需要携带安全卫生食物，尽量饮用瓶装水，避免水土不服。

（5）文化习俗。露头位于黄南藏族自治州，同仁县以藏民族为主，尖扎县回族群众占比较高，要注意尊重当地的民俗习惯和文化信仰，比如藏族人民禁食驴肉、马肉、狗肉，有些地区也禁食鱼肉等。同时，近年来国家实施西部大开发战略，与内地交流增多，汉族人口增长较快，在同仁县和尖扎县县城的各民族生活条件均较为便利。

（6）环保。青海省为三江源头，且高海拔地区生态系统脆弱，破坏后极难恢复，所以野外工作期间需要特别注意环境保护。设备有跑、冒、滴、漏的部位，可用容器盛接漏出的液体，防止落地污染，且对污染的地面应在考察结束后进行清污。对现场使用过的废弃卫生纸、废旧胶布头等废弃物，应及时回收。考察结束后，对现场使用过废弃的生活垃圾进行清扫、回收、装袋，并送到指定的回收地点。

第二节　地质露头特征

露头剖面整体出露情况好，鲜有植被覆盖，地层受强烈构造影响，出露地层产状近乎直立，产状大致为210°∠85°（图3-3），近乎直立的地层虽不利于地层横向对比，但有利于观察描述地层发育的垂向序列；另外露头被213国道和隆务河切割，两侧露头相距近百米，也可进行一定的横向对比（图3-4）。

图3-3　隆务峡1号隧道南剖面全景图

剖面上部 ←

沿隆务河露头剖面

图3-4　隆务峡1号隧道南剖面沿隆务河对岸出露的全景图

本书重点研究了沿着隆务河河谷和G213国道展布的两段深水沉积露头。剖面总体为一套砂泥岩互层沉积，夹数套滑塌碎积岩和火山岩沉积，地层纵向上较为连续，便于沿着公路观察和描述。隆务峡1号隧道南段剖面为三叠系果木沟组，而隧道北段剖面为三叠系江里沟组。根据实测剖面垂向砂泥岩组合特征，将南段剖面自下而上划分为 6 个剖面/层序，北段剖面划分为 2 个剖面/层序，每个剖面自下而上基本都表现为砂岩厚度减薄、粒度变细、泥岩夹层增多的一套正旋回特征(图 3-5)。

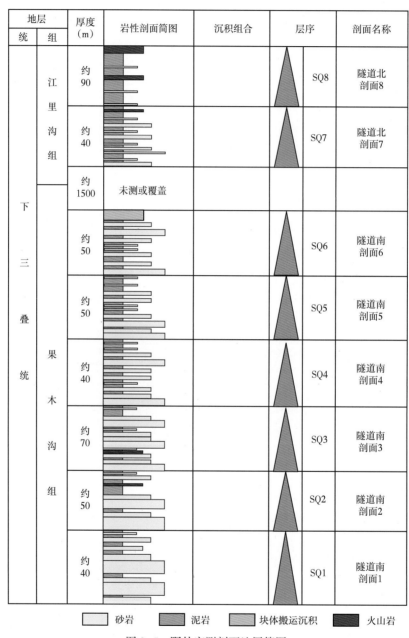

图 3-5　野外实测剖面地层简图

隧道南剖面 1 整体以叠合砂岩为主，夹有薄层细砂岩、粉砂岩和泥岩，砂地比大于90%。靠近顶部(剖面 34.8m 处)发育一套约 3m 厚的碎积岩，砾石成分混杂，主要为碳酸盐岩、花岗岩、变质石英岩等，基质主要为砂质—灰泥质。剖面内砂岩多以正粒序为主，为高密度/低密度的浊流沉积。砂体侵蚀作用强，常呈多层叠置，最大叠合厚度约5m；叠置处常见粒度突变，有时可见泥砾，泥砾多呈扁平状。底部沉积构造主要发育负载构造，在薄层砂岩和厚层砂岩的底部皆有发育，沉积层理以平行层理和交错层理为主。

隧道南剖面2整体主要为中粗砂岩夹薄层细砂岩、粉砂岩和泥岩，砂地比大于85%。单砂层以正粒序为主，为高密度/低密度的浊流沉积。流体侵蚀作用强，见多层砂岩叠合，最大叠合厚度约4m；叠合面常见粒度突变，有时可见泥砾。在叠合砂岩底部常见砾级颗粒，砾石成分复杂，包括碳酸盐岩、花岗岩、变质石英岩等，多为细砾，最大可达1~2cm。碎屑颗粒多呈棱角状—次棱角状，分选差。部分砂岩滴稀盐酸起泡，可能为钙质胶结。底面可见负载—火焰、槽模等构造，沉积层理以平行层理和交错层理为主，在薄层细砂岩中偶有发育复杂的软沉积物变形构造。

隧道南剖面3整体以中厚层中粗砂岩为主，砂岩或呈相互叠合，或夹薄层粉砂岩/泥岩，砂地比大于90%。单砂层主要表现为正粒序特征，砂岩底部常见砾级颗粒，砾石成分复杂，包括碳酸盐岩、花岗岩、变质石英岩等，多为细砾，最大可达1~2cm，砂岩内部可见条带状泥岩撕裂屑，呈定向排列。发育平行层理、交错层理、负载构造、火焰构造等沉积构造类型。部分砂岩滴酸起泡，可能存在钙质胶结。

隧道南剖面4以中厚层粗—中砂岩为主，砂岩或呈相互叠合，或夹薄层粉砂岩/泥岩，顶部有一套厚约4m的中细砂岩与泥岩互层，砂地比整体大于85%。单砂层主要表现为正粒序特征，砂岩底部常见砾级颗粒，砾石成分复杂，多为细砾。见平行层理、负载构造等沉积构造。

隧道南剖面5整体以叠合砂岩为主，夹有薄层细砂岩、粉砂岩和泥岩，砂地比大于85%。砂岩以正粒序为主，砂体侵蚀作用强，多层叠合，最大叠合厚度约11m；叠合面常见粒度突变，有时可见泥砾。碎屑颗粒多呈棱角状—次棱角状，分选差。发育负载—火焰构造、平行层理、交错层理等。

隧道南剖面6中下部整体以中—厚层砂岩为主，夹薄层粉砂岩和泥岩，砂地比大于70%。砂岩呈正粒序递变，砂体侵蚀作用稍弱，多层叠合现象减少。在中—薄层砂泥岩中常见软沉积物变形，见负载—火焰构造、沉积层理等沉积构造。顶部发育一套厚约10m的砂、泥、砾杂乱沉积。

隧道北剖面1整体主要由5~30cm砂岩夹泥岩组成，发育几套40~70cm厚的厚层砂岩。自下而上，整个剖面表现为单层砂岩厚度减薄、砂岩层数减少、泥岩厚度增加、泥岩夹层增多的正旋回特征。砂岩呈正递变层理，常见软沉积物变形，发育平行层理、波纹层理、负载构造等，主要由鲍马序列的Ta、Tb、Tc、Td段组成，见少量Lowe序列的Tt段沉积。

隧道北剖面2整体以黑色泥岩和粉细砂岩的薄互层为主，底部发育多套中厚层（10~50cm）砂岩，砂地比约30%。砂岩粒度多为极细砂和细砂，个别砂层的粒度可达中砂。单砂层呈正递变层理，厚度多小于20cm，最大砂岩厚度50cm，砂岩间极少互相叠合，多与泥岩或粉砂岩互层，常见软沉积变形构造，可见平行层理、波纹层理和水平层理等沉积构造。

针对上述8个剖面/层序，设置了详细描述观察点，进行典型沉积现象的详细测量、描述和钻孔取样分析，并对典型沉积物的成因机制展开讨论，后续章节将系统总结隆务峡三叠系深水沉积的岩性、岩相、结构单元、沉积模式及沉积过程等。

第四章 地质露头典型沉积特征

第一节 隧道南剖面1

一、剖面位置

隧道南剖面1的起点是本次深水沉积野外地质考察、测量的起点，位于隆务峡一号隧道南侧，观察、测量工作从出露质量较好的第一套厚层深水浊积砂岩开始，整个剖面长42.3m，底部为一套厚约60cm，发育平行层理的正粒序砂岩。剖面终点为一套厚度约1m的泥岩夹薄层细砂岩/粉砂岩（图4-1）。起点坐标为N35°44.7190′，E102°03.0873′，终点坐标为N35°44.8595′，E102°03.0773′，海拔2133m。

二、剖面特征

本剖面整体以叠合砂岩为主，夹有薄层细砂岩、粉砂岩和泥岩，砂地比大于90%。靠近顶部（剖面34.8m处）发育一套约3m厚的碎积岩，砾石成分混杂，主要为碳酸盐岩、花岗岩、变质石英岩等，基质主要为灰泥质。剖面内砂岩多以正粒序为主，为高密度/低密度的浊流沉积。砂体侵蚀作用强，常呈多层叠合，最大叠合厚度约5m；叠合处常见粒度突变，有时可见泥砾，泥砾多呈扁平状。底部沉积构造主要发育负载构造，在薄层砂岩和厚层砂岩的底部皆有发育，沉积层理以平行层理和交错层理为主。

根据岩性组合变化特征可划分为五段（图4-2）。第一段为起点到9.2m处，以多套多层叠合砂岩为主，顶部为厚约1m的粉砂岩与中薄层砂岩互层，中薄层砂岩厚度为5~40cm。该段叠合面多平整，有时可见下切侵蚀的特征，最大叠合厚度约3m。砂岩多发育正粒序层理，底部可见平行层理，有时含有泥砾。第二段（9.2~13.8m）主要由四套70~150cm的厚的正粒序砂岩叠合而成，砂岩底部为粗砂岩，有时含砾，向上递变为中细砂岩，叠合砂岩总厚度约4m；该段顶部为厚约25cm的粉砂岩夹数套薄层细砂岩。第三段（13.8~21.1m）下部由多套正粒序砂岩叠置而成，可见平行层理和交错层理，叠合砂岩总厚度约5m；上部为多套30~50cm的中—粗砂岩夹薄层泥岩，可见负载—火焰构造。第四段（21.1~30.9m）以叠合砂岩为主，最大叠合厚度约5m，由多套厚度不等的正粒序砂岩叠置而成，可见平行层理，顶部为厚约3cm的泥岩。第五段（30.9~42.3m）下部为多套砂岩夹薄层泥岩—粉砂岩，中部为厚约3m的碎积岩，基质为灰泥质，砾石为棱角状—次棱角状，整体呈现混杂堆积。上部为中—薄层砂岩与粉砂岩/泥岩互层，可见泥岩撕裂屑和平行层理，薄层砂岩发育软沉积变形，砂地比为50%~60%。

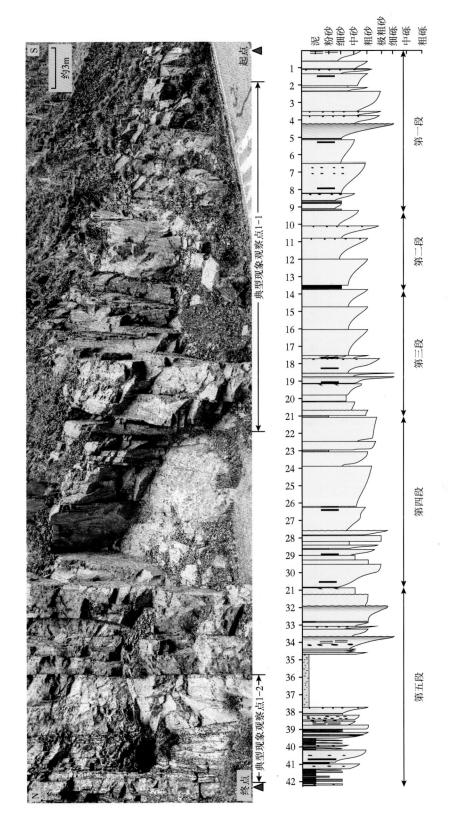

图 4-1　隧道南剖面 1 全景图

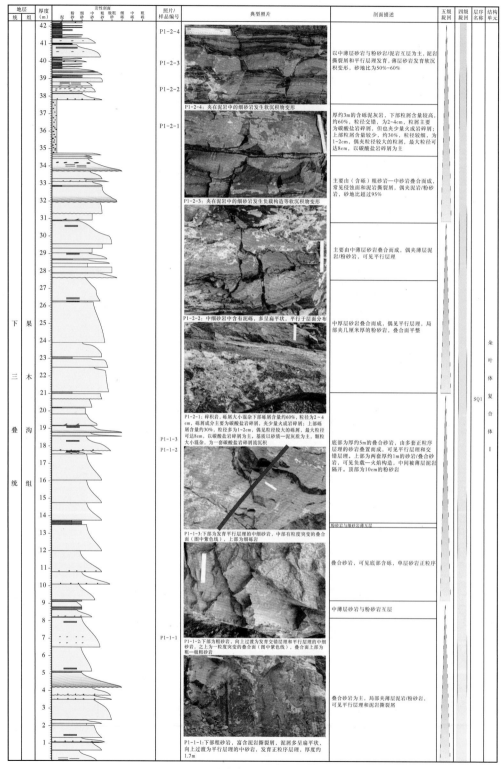

图 4-2 隧道南剖面 1 综合柱状图

三、典型沉积特征

1. 典型现象观察点 1-1

观察点 1-1 位于剖面 6.5~19.1m 处。该观察点以叠合砂岩为主，可观察到砂岩叠合面、斜层理、平行层理等特征（图 4-3）。

图 4-3 观察点 1-1（黄色圈为标杆，红色方框为典型沉积现象所在位置）

在剖面 6.5~8.2m 处，重点观察含泥砾砂岩。砂岩厚 170cm，下部为粗砂岩，向上递变为发育平行层理的中砂岩，整体为 Ta—Tb 段沉积（图 4-4）。下部粗砂岩富含泥砾，泥砾多呈扁平状，多平行于层面分布，泥岩撕裂屑可能为高密度浊流侵蚀下部泥岩或高密度浊流形成初期所携带的泥岩。上部中砂岩发育平行层理，顶部发育 1cm 厚的深灰色粉砂岩。

在剖面 17.8~19m 处，可观察到多套砂岩叠合。第一处叠合面之下为粗砂岩—中细砂岩，发育交错层理和平行层理，叠合面之上粒度发生突变，为含砾粗—极粗砂岩，向上渐变为发育平行层理的中细砂岩，叠合面处可见下切侵蚀的特征（图 4-5）。第二处叠合面下部细砾岩，向上过渡为中粗砂岩，叠合面平直。第二处叠合面之下为中—细砂岩，叠合面之上为粗砂岩，叠合面较平直（图 4-6）。

2. 典型现象观察点 1-2

观察点 1-2 位于剖面 34.8~42.3m 处，重点观察碎积岩、含泥砾砂岩与软沉积物变形（图 4-7）。

在剖面 34.8m 发育一套约 3m 的碎积岩。碎积岩砾屑大小不一、成分混杂，基质以泥灰质为主，下部砾屑含量约 60%，粒径为 2~4cm，砾屑成分主要为碳酸盐岩碎屑，夹少量

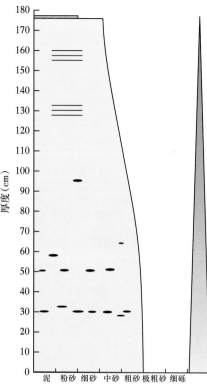

图 4-4　极厚层正粒序砂岩

下部粗砂岩，富含泥岩撕裂屑，泥屑多呈扁平状，向上过渡为平行层理的中砂岩，发育正粒序层理，厚度约 1.7m

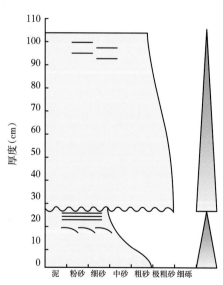

图 4-5　叠合砂岩 1

下部为粗砂岩，向上过渡为发育交错层理和平行层理的中细砂岩，之上为一粒度突变的侵蚀面
（图中红色虚线），侵蚀面之上为极粗—粗砂岩

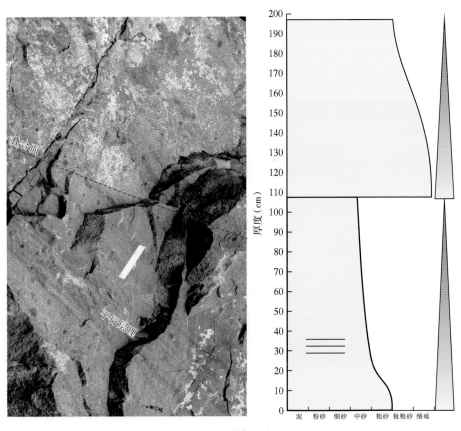

图4-6　叠合砂岩2

下部为发育平行层理的中细砂岩，中部有粒度突变的叠合面，上部为细砾岩—粗砂岩

图4-7　观察点1-2及典型现象位置

红色方框为典型现象所在位置

火成岩碎屑；上部砾屑含量约30%，粒径多为1~2cm，偶见粒径较大的砾屑，最大粒径可达8cm，以碳酸盐岩碎屑为主（图4-8）。该套碎积岩可能形成于低海平面期，固结或半固结的浅水碳酸盐岩沉积由于海平面突降或地震等因素的影响，发生垮塌，并以碎屑流的形式搬运、堆积于深水环境。

图4-8　碳酸盐岩碎积岩特征

砾屑大小混杂，下部砾屑含量约60%，粒径为2~4cm，砾屑成分主要为碳酸盐岩碎屑，夹少量火成岩碎屑；上部砾屑含量约30%，粒径多为1~2cm，偶见粒径较大的砾屑，最大粒径可达8cm，以碳酸盐岩碎屑为主；基质以砂质—泥灰质为主，颗粒大小混杂，为一套碳酸盐岩碎屑流沉积

在剖面38.3m处可见多套砂岩叠合，叠合面上下见明显粒度突变，每套砂岩均表现为正粒序特征；下部砂岩层厚约30cm，中上部发育大量泥岩撕裂屑（图4-9），泥岩撕裂屑平行于层面分布，泥岩撕裂屑之下为块状砂岩，无沉积构造，泥岩撕裂屑之上为正粒序特征。

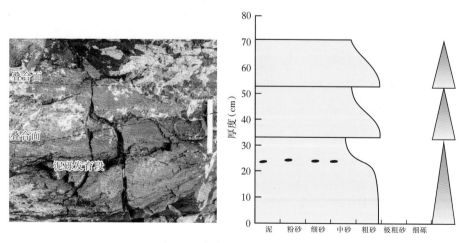

图4-9　多套砂岩叠合与泥砾

在剖面40~42.3m发育中薄层砂岩与粉砂岩/泥岩互层，由于上下岩层具有密度梯度，液化作用产生不均匀的负荷作用，使上覆的砂质物陷入泥质沉积物中，导致部分薄层砂岩发育负载构造等软沉积物变形构造（图4-10）。

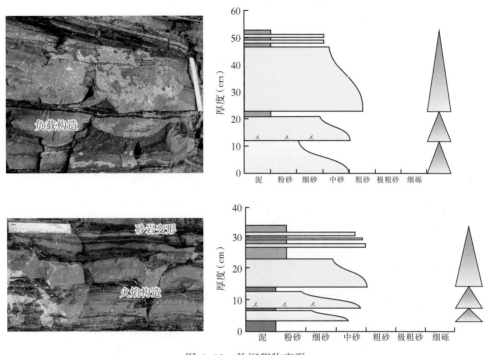

图4-10 软沉积物变形

第二节 隧道南剖面2

一、剖面位置

隧道南剖面2总长度约47m，起点位于剖面1顶部泥岩之上的一套叠合砂岩，终点处为一套厚度约4m的粉砂岩与薄层砂岩互层。该剖面顶部附近发育一套厚为30~40cm的辉绿岩，可作为该剖面的标志层（图4-11，图4-12）。剖面起点坐标为N35°44.7726′，E102°03.0877′，终点坐标为N35°44.8595′，E102°03.0773′。

二、剖面特征

本剖面整体主要为中粗砂岩砂岩夹薄层细砂岩、粉砂岩和泥岩，砂地比大于85%。单砂层以正粒序为主，为高密度/低密度的浊流沉积。流体侵蚀作用强，见多层砂岩叠合，最大叠合厚度约4m；叠合面常见粒度突变，有时可见泥砾。在叠合砂岩底部常见砾级颗粒，砾石成分复杂，包括碳酸盐岩、花岗岩、变质石英岩等，多为细砾，最大可达1~2cm。碎屑颗粒多呈棱角状—次棱角状，分选差。部分砂岩滴稀盐酸起泡，可能存在钙质胶结。底面可见负载—火焰、槽模等构造，沉积层理以平行层理和交错层理为主，在薄层细砂岩中

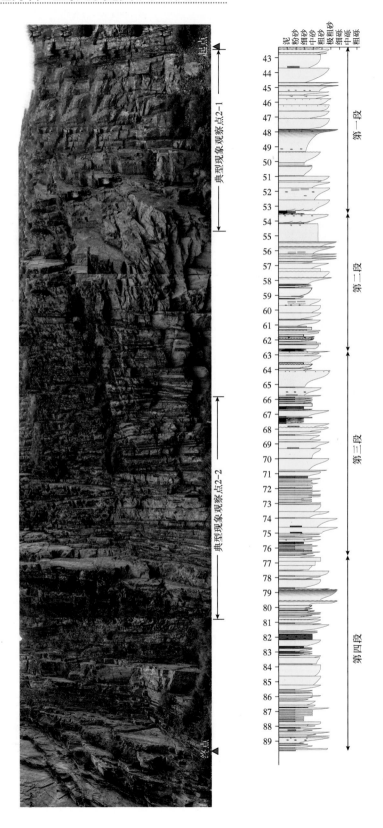

图 4-11　隧道南剖面 2 全景图

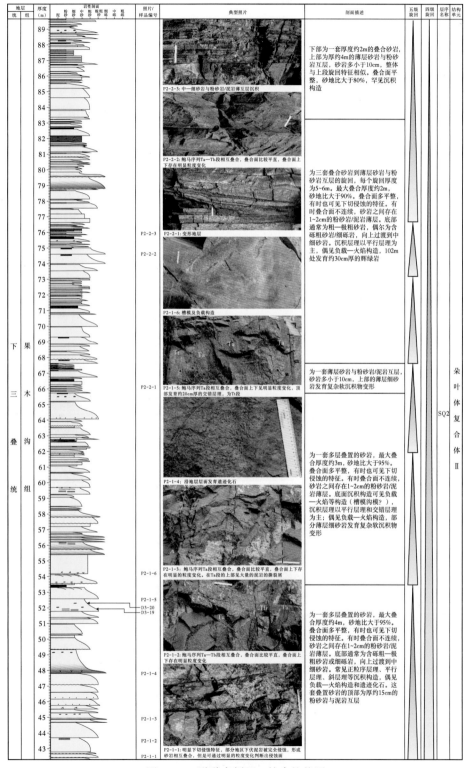

图 4-12　隧道南剖面 2 综合柱状图

偶有发育复杂的软沉积物变形构造。

根据岩性组合特征可将剖面2划分为四段。第一段（42.3～53.5m）主要由多套中—厚/极厚层砂岩叠合而成，偶夹薄层粉砂岩，砂岩多表现为正粒序，可见平行层理、负载构造，单层砂岩顶部或中上部见泥砾，该段顶部为20cm的泥岩夹薄层细砂岩。第二段（53.5～62.8m）主要由多套中厚层细砾岩/粗砂岩—中砂岩组合而成，砂岩或呈相互叠合，或夹1～2cm薄层粉砂岩组成，可见侵蚀面、平行层理、交错层理等沉积构造，顶部为一厚约20cm的粉砂岩夹薄层细砂岩，多见软沉积物变形。第三段（62.8～76.5m）由三套垂向组合特征相似的序列组成，每套下部均为中厚层中粗砂岩夹薄层粉砂岩，砂地比大于90%，上部均为中薄层中砂岩夹薄层粉砂岩，砂地比约70%。第四段（76.5～89.7m）下部主要由中厚层中粗砂岩组成，砂岩或呈相互叠合，或夹2cm左右的薄层粉砂岩，上部多为中薄层中砂岩夹2～5cm的薄层粉砂岩，总厚度约4m。该段在82cm处发育一套厚为30～40cm的辉绿岩，颜色呈墨绿色，全晶质细粒—中粒结构，显微镜下具辉绿结构。

三、典型沉积特征

1. 典型现象观察点2-1

观察点2-1位于剖面的42.3～55.4m位置（图4-13），该观察点以厚层叠合砂岩为主，可见砂岩叠合面、斜层理、负载构造和遗迹化石等特征。

图4-13　观察点2-1远景图（图中标杆长2m）

红色方框为典型现象所在位置

在剖面43～48m处，可观察到多套中厚层砂岩相互叠合（图4-14至图4-16），叠合厚度约5m。叠合面多平整（图4-15，图4-16），也可见下切侵蚀的特征，有时叠合面不连续，砂岩之间存在1～2cm的泥岩薄层（图4-14），该现象表明强流体作用导致下伏泥岩被侵蚀，砂岩相互叠置成砂—砂接触。每套砂岩均表现为正粒序特征，下部为粗—极粗砂岩，向上渐变为中细砂岩，部分砂岩底部含有细砾，砾石成分复杂。

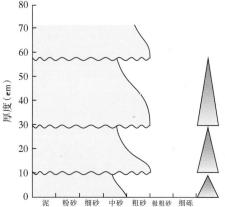

图 4-14　不连续叠合面

右侧下伏泥岩被完全侵蚀，形成砂岩相互叠合，可通过明显的粒度变化判断出侵蚀面；
而左侧砂岩间的泥质薄层未被完全侵蚀，形成不连续的叠合面

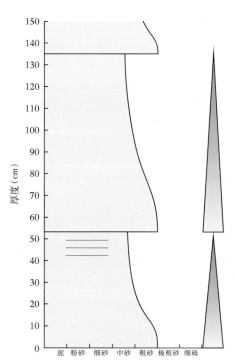

图 4-15　平行层理与叠合面

鲍马序列 Ta—Tb 段相互叠合

　　在剖面 47.8m 处，可观察到生物遗迹化石（图 4-17）。该遗迹化石沿层面分布，分布于一套泥岩地层的顶面，形态多呈蛇曲形，推测该遗迹化石可能形成于浊流间隙期的深海低能、低沉积速率、贫氧的生态环境。

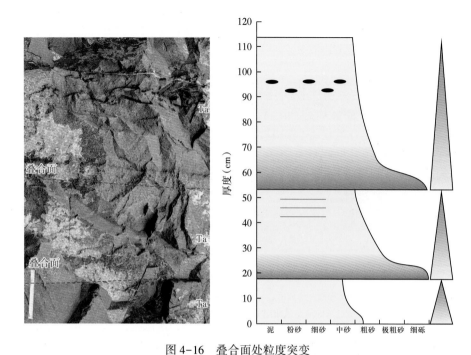

图 4-16 叠合面处粒度突变

鲍马序列 Ta 段相互叠合，叠合面比较平直，叠合面上下存在明显的粒度变化。在 Ta 段的上部见大量的泥岩撕裂屑

图 4-17 遗迹化石照片

在剖面 51.3~53.3m 位置处发育 4 套砂岩相互叠合，每套砂岩底部通常为含砾粗砂岩，向上渐变到中细砂岩。单层厚度变化范围较大，为 10~100cm，叠合面多平整，叠合面上下见明显粒度突变，发育平行层理，斜层理等沉积构造，平行层理及大型交错层理的发育均

表明水流速度较快(图4-18)。发育大型斜层理的砂岩为 Lowe(1982)高密度浊流模式的 Tt 段的岩相，反映了后到达的浊流流体对早期浊流沉积物的改造。

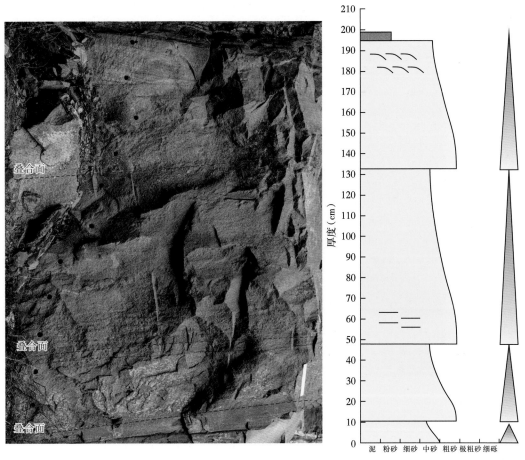

图 4-18　叠置砂岩

叠合面处存在粒度突变，顶部发育交错层理构造

在剖面54.2m位置处观察砂泥岩接触面上的槽模构造与负载构造(图4-19)。槽模是分布于砂岩底面的一种半圆锥形或舌形、不连续凸起，是流体在尚未固结的软泥表面侵蚀冲刷的凹槽被砂质充填而成，向上游一端舌形突起陡高，向下游一端则呈倾伏状渐趋层面而消失。槽模的出现说明当时古环境中有强烈的流体冲刷作用。槽模长轴平行于水流流动方向，突起一端指向上游，因此槽模是确定古水流的可靠标志。虽然槽模不是浊流沉积的独有产物，但是，它们总是判断浊流沉积的重要标志。负载构造，又称负荷构造、重荷模等，指覆盖在泥质岩之上的砂层底面上的瘤状凸起。它是由于下伏的含水塑性软泥承受了不均匀的负载，使上覆砂质物进入下伏泥质物中而产生。负载构造形状很不规则，形态多变，排列杂乱，大小不一。负载构造与槽模的区别在于其大小不一，形状极不规则，并缺少明显的定向排列。负载构造多出现在快速沉积的互层砂泥岩中。

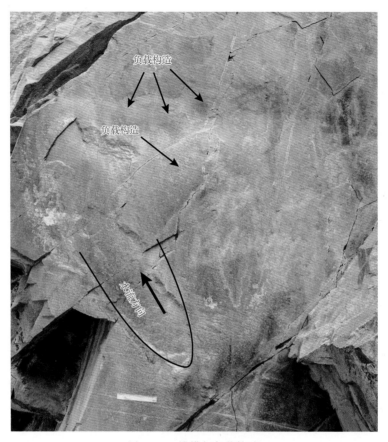

图 4-19　槽模与负载构造

2. 典型现象观察点 2-2

观察点 2-2 位于剖面 60~69m 处（图 4-20），砂岩厚度变薄，为砂岩与粉砂岩互层，可见软沉积变形、叠合砂岩和平行层理等特征。

图 4-20　典型现象观察点 2-2

红色方框为典型现象所在位置

在剖面 66m 处观察到多种软沉积物变形现象，包括负载构造、火焰构造以及球枕构造。（图 4-21）。该处的负载构造表现为下伏的含水中细砂岩承受了不均匀的负载，上覆粗砂岩压陷进入下伏细砂岩中，因此负载构造不仅仅发生于砂泥岩互层地层中，在砂岩地层，上覆粗粒层也有可能陷入下伏细粒层中。火焰构造主要是由于下伏饱含水泥岩承受上覆砂岩层不均匀负载作用，泥质沉积物常备向上挤入砂层并夹于下垂的负载构造之间，呈舌形或火焰状。球枕构造是上覆砂岩层断裂并陷入泥岩中形成多个紧密或稀疏排列的椭球体或枕状块体，其成分与上覆砂岩相同。这些软沉积物变形均表明沉积环境具有快速沉积的特点。

图 4-21　多种软沉积物变形现象

在剖面 74~75m 处观察两套厚 50~60cm 的砂岩叠合（图 4-22），叠合面上下存在明显的粒度突变。每套砂岩下部为 Ta 递变层段，为粗—极粗砂岩，粒度下粗上细，上部为 Tb

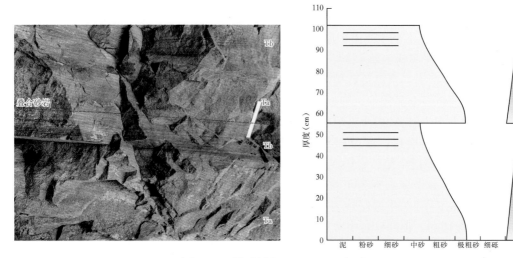

图 4-22　鲍马层序 "AB-AB" 序列

平行层理段，构成鲍马层序的"AB-AB"序列，"AB"一般为一次重力流事件。这种沉积序列表明了多次频繁的、水流能量较强的重力流作用，后期重力流冲刷了前期重力流的细粒沉积物，形成砂—砂叠合现象。

第三节　隧道南剖面 3

一、剖面位置

隧道南剖面 3 总长度约 66m，起点位于剖面 2 顶部粉砂岩/泥岩薄互层之上的一套中厚层中粗砂岩，终点处为一套厚约 1.5m 的砂泥岩互层，砂岩厚度一般小于 20cm，该套互层砂泥岩之下为一厚约 1m 的碳酸盐岩碎积岩（图 4-23，图 4-24）。剖面 3 起点坐标为 N35°44.8595′，E102°03.0773′，终点坐标为 N35°44.8421′，E102°03.0800′。

二、剖面特征

本剖面整体以中厚层中粗砂岩为主，砂岩或呈相互叠合，或夹薄层粉砂岩/泥岩，砂地比大于 90%。单砂层主要表现为正粒序特征，砂岩底部常见砾级颗粒，砾石成分复杂，包括碳酸盐岩、花岗岩、变质石英岩等，多为细砾，最大可达 1~2cm，砂岩内部可见条带状泥岩撕裂屑，呈定向排列。发育平行层理、交错层理、负载构造、火焰构造等沉积构造类型。部分砂岩滴酸起泡，可能是钙质胶结。

根据岩性垂向组合特征可将剖面 3 大致划分为五段。第一段（89.7~99.7m）主要由多套中厚层砂岩组成，部分砂岩相互叠合，最大叠合厚度约 2m，部分砂岩之间夹薄层粉砂岩，砂岩多表现为正粒序特征，底部常见砾石级颗粒，颗粒成分复杂，见平行层理及负载构造等沉积构造。在 92.3~93.1m 处见一套厚约 80cm 的碳酸盐岩碎屑流沉积，该套沉积总体呈灰白色，内部碳酸盐岩砾石直径为 0.5~1.5cm，底部砾石含量高且粗，向上砾石颗粒减少且变细，滴盐酸反应强烈。该套顶部为一套厚约 80cm 的中薄层中细砂岩夹粉砂岩沉积。第二段（99.7~113.3m）下部主要由中厚层中粗砂岩叠合而成，偶夹薄层泥岩，砂岩多表现为正粒序特征，底部常见砾石级颗粒，颗粒成分复杂，见平行层理；上部主要为中层中粗砂岩夹薄层粉砂岩/泥岩；常见负载构造与泥岩碎裂屑；在 109.4~110.2m 见一套辉绿岩侵入岩，整体呈墨绿色，全晶质中—细粒结构。第三段（113.3~129.6m）主要由中厚层中粗砂岩叠合而成，向上泥岩/粉砂岩薄夹层增多，砂岩多表现为正粒序特征，底部见砾石级颗粒，发育平行层理、交错层理；该段顶部为一套厚约 60cm 的泥岩/粉砂岩。第四段（129.6~148.1m）主要由中厚层中粗砂岩组成，该段中下部主要为砂岩叠合，上部为中厚层砂岩夹薄层粉砂岩/泥岩，砂岩多表现为正粒序特征，底部见砾石级颗粒，交错层理发育。第五段（148.1~156.3m）主要为中厚层砂岩夹薄层泥岩/粉砂岩，该段自下而上砂岩厚度减薄，泥岩/粉砂岩层段增加，顶部砂岩中常见泥岩撕裂屑。该段 153.6~154.7m 处发育一套碳酸盐岩碎屑流沉积，沉积特征与第一段碳酸盐岩碎屑流沉积特征类似。

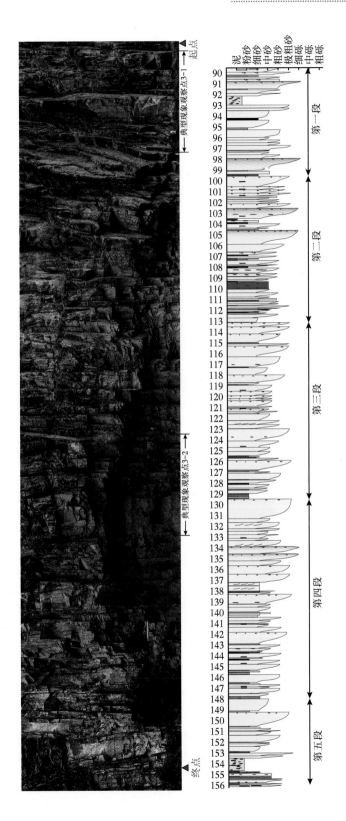

图 4-23 隧道南剖面5全景图

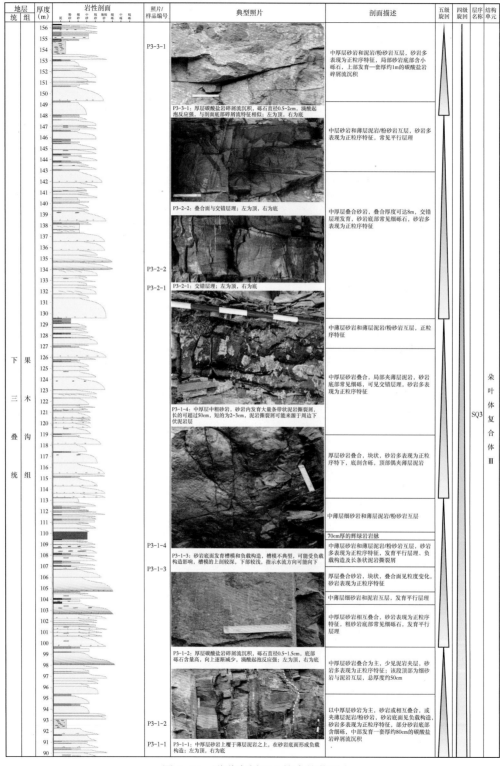

图 4-24　隧道南剖面 3 综合柱状图

三、典型沉积特征

1. 典型现象观察点 3-1

观察点 3-1 位于剖面 91~109m 位置处，可观察到碳酸盐岩碎积岩、负载构造、砂质碎屑流等沉积特征（图 4-25）。

图 4-25 观察点 3-1 全景图（图中标杆长 2m）

红色方框为典型现象所在位置

在剖面 91m 附近处，可观察到软沉积物变形，包括负载构造和火焰构造（图 4-26）。其形成主要是由于反密度梯度作用（reverse density gradient），当密度大的沉积物（砂层）覆盖在密度小的沉积物（如泥层）之上，由于沉积物密度和孔隙度的差异而产生的反密度梯度

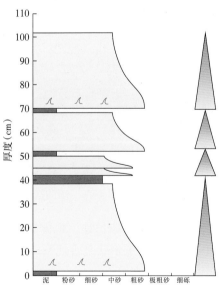

图 4-26 负载构造与火焰构造

现象引起软沉积物变形作用。

在剖面92m附近处，观察到碳酸盐岩碎屑流沉积（图4-27）。岩石以灰色为主，主要由不规则的碳酸盐岩砾石和泥灰质基质组成。碳酸盐岩砾石大小不一，直径0.5～1.5cm，底部砾石含量高，向上砾石逐渐较少，薄片显示碳酸盐岩砾石主要为泥灰质颗粒灰岩（图4-28）。

图4-27　块状碳酸盐岩碎屑流沉积（比例尺长度为20cm）

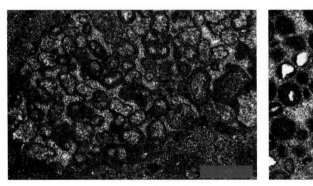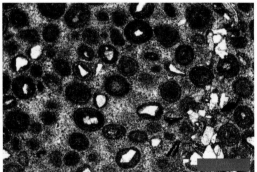

图4-28　碳酸盐岩碎屑流沉积中泥晶颗粒（鲕粒）灰岩碎屑

在剖面106.7m附近处，观察到可判断古水流方向的槽模和反映沉积物变形的负载构造（图4-29），可根据形状是否规则以及有无定向性来区分槽模与负载构造，利用槽模可判断古水流方向是向下。

在剖面108～109m处可观察到厚约20cm的粗砂岩内漂浮大小不一的泥砾（图4-30），砂岩自下而上无粒度递变特征，呈块状，该套沉积与上覆泥岩和下伏泥岩之间均表现为明

图 4-29 槽模和负载构造

发育在砂岩底面，槽模不典型，可能受负载构造影响，槽模上部较深，下部较浅，指示水流方向可能向下（P3-1-3）

图 4-30 砂质碎屑流沉积特征

显的突变接触，底界面不规则，存在一定的侵蚀现象；泥砾呈长条状，直径长度为 20～30cm，泥砾有拖长变形的现象。块状砂岩以及大量的泥砾均表明该套砂岩为整体搬运样式，推测为砂质碎屑流沉积。该砂质碎屑流与浊流（具明显粒度递变的砂岩）相邻，可能同期流体流动过程中的流体类型发生转换而成，也可能为不同期流体在同一地点流态不同沉积产物直接接触而成。

2. 典型现象观察点 3-2

观察点 3-2 位于剖面 125~135m 处（图 4-31），主要由中厚层砂岩叠合而成，叠合厚度可达 8m，砂岩之间没有泥岩薄层，常见交错层理、叠合面等。该观察点上方的岩石悬空，且位于道路的急拐弯处，要当心落石和来往车辆。

在剖面 132m 附近处观察到明显斜层理，斜层理主要位于厚约 35cm 中粗砂岩的下部（图 4-32），该套砂岩之下有一套厚几厘米的中细砂岩，两套砂岩呈砂—砂叠合，叠合面处见明显粒度递变。斜层理的形成主要是由于水流速度较快时，底床迁移形成斜层理。

图 4-31　观察点 3-2 远景图（图中标杆长 2m）

红色方框为典型现象所在位置

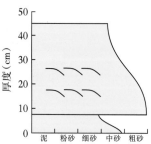

图 4-32　斜层理与叠合面

第四节　隧道南剖面 4

一、剖面位置

隧道南剖面 4 总长度约 40m，起点位于剖面 3 顶部 1.5m 的砂泥岩互层之上，终点处为中薄层中细砂岩与薄层泥岩/粉砂岩互层，总厚度约 4m（图 4-33，图 4-34）。剖面 4 起点坐标为 N35°44.8421′，E102°03.0800′，终点坐标为 N35°44.8613′，E102°03.0826′。该段多处被坡积物所覆盖，所以对于出露程度较差的层段未进行实际测量。

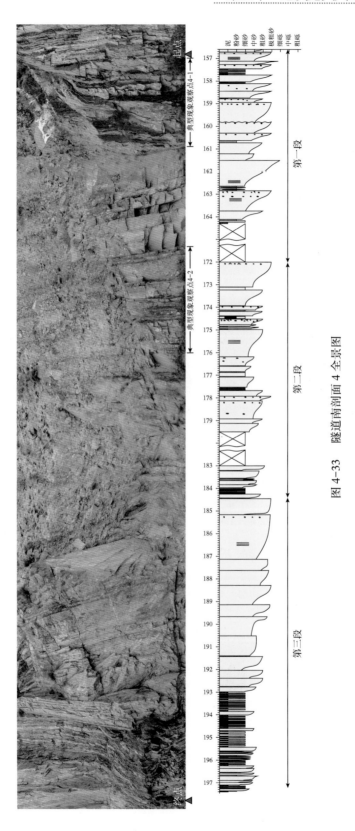

图 4-33 隧道南剖面 4 全景图

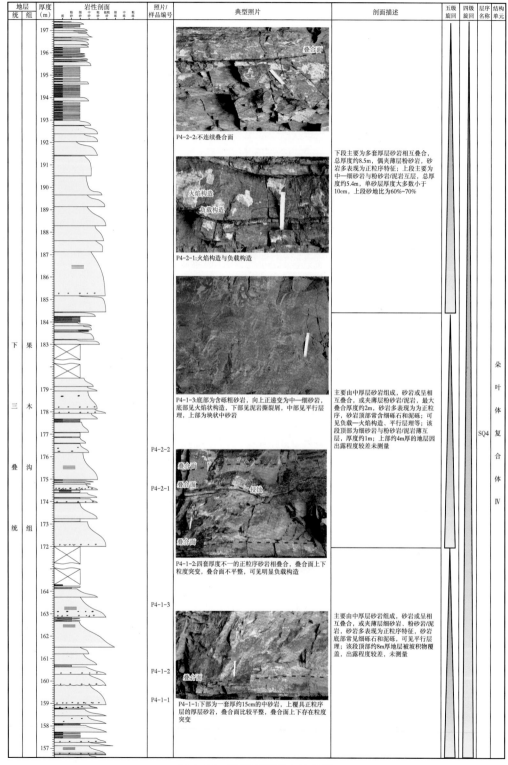

图 4-34　隧道南剖面 4 柱状图

二、剖面特征

本剖面以中厚层粗—中砂岩为主，砂岩或呈相互叠合，或夹薄层粉砂岩/泥岩，顶部有一套厚约4m的中细砂岩与泥岩互层，砂体比整体大于85%。单砂层主要表现为正粒序特征，砂岩底部常见砾级颗粒，砾石成分复杂，多为细砾。见平行层理、负载构造等沉积构造。

根据岩性垂向组合特征可将剖面4大致划分为三段。第一段（156.6~172m）主要为中厚层中粗砂岩夹薄层粉砂岩、细砂岩，部分砂岩相互叠合，最大叠合厚度约2m，砂岩多表现为正粒序特征，发育平行层理和负载构造。该段顶部为约8m厚的岩层被坡积物覆盖，由于出露程度较差而未进行测量。第二段（172~184.4m）主要由中厚层中粗砂岩组成，砂岩或相互叠合，或夹薄层粉砂岩/泥岩，最大叠合厚度大于2m，上部约4m厚的地层因出露程度较差而未进行测量，顶部为一套厚约30cm的细砂岩与粉砂岩薄互层沉积。第三段（184.4~197.4m）下部主要为中厚层中粗砂岩相互叠合，整体向上单砂层厚度减薄，厚度约9m，砂岩多表现为正粒序特征，发育平行层理；上部为一套细砂岩与泥岩薄层沉积，夹多层10~20cm的中砂岩。

三、典型沉积特征

1. 典型现象观察点4-1

观察点4-1位于剖面156.6~164.3m处（图4-35），可观察到砂岩叠合面、平行层理、负载—火焰构造及泥岩撕裂屑等沉积特征。

图4-35　观察点4-1远景图（图中标杆长2m）

红色方框为典型现象所在位置

在剖面 159～160.6m 处，观察到四个厚度不一（十几厘米至 90cm）的砂体相互叠合（图 4-36），叠合面上下存在明显的粒度突变，每个砂体均表现为正粒序的特征，表明为频繁的、较强水流的多次浊流作用，局部可见明显的下切侵蚀特征。

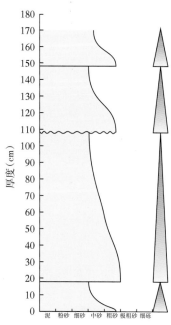

图 4-36　多个砂体叠合

在剖面 163m 附近处发育一套厚约 90cm 的正粒序砂岩，底部粒度较粗，含细砾，向上粒度递变为中砂岩，每个正粒序递变层代表一次浊流事件。砂岩底部发育火焰构造，其形成是由于上下岩层具有密度梯度，液化作用产生不均匀的负荷作用，上覆的砂质物陷入泥质沉积物中，泥质沉积物呈火焰状变形；砂体下部发育泥岩撕裂屑，多呈扁平状，平行于层面分布；中部隐约可见平行层理（图 4-37）。

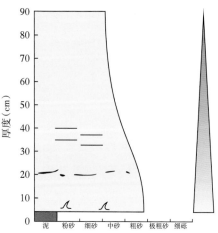

图 4-37　火焰构造、正粒序及平行层理

2. 典型现象观察点 4-2

观察点 4-2 位于剖面 172~179m 处（图 4-38），该点可观察到叠合砂岩、负载构造、火焰构造及泥砾等沉积特征。

图 4-38 观察点 4-2 远景图（图中标杆长 2m）

红色方框为典型现象所在位置

在剖面 174.5m 处，一厚二十几厘米的中粗砂岩底部见火焰构造以及泥砾现象（图 4-39），位于火焰构造附近的泥砾直径约 3cm，变形特征明显，数量较少，可能是下伏泥岩挤入砂岩中形成的。

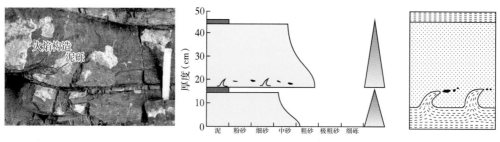

图 4-39 火焰构造、砂岩底部泥砾及泥砾形成示意图

在剖面 176.2m 处见叠合面不连续特征。叠合面之下为一套正粒序砂岩，厚约 80cm，叠合面之上为厚约 40cm 的砂岩，两套砂岩叠合处见明显粒度突变（图 4-40）。这是由于后期流体对早期沉积侵蚀作用不完全，致使两套砂岩间局部地区存在厚约 1cm 的粉砂岩，造成叠合面的不连续。在 40cm 砂岩地层的中上部发育一泥砾富集段，泥砾富集段之下为块状砂岩，之上为正粒序砂岩。

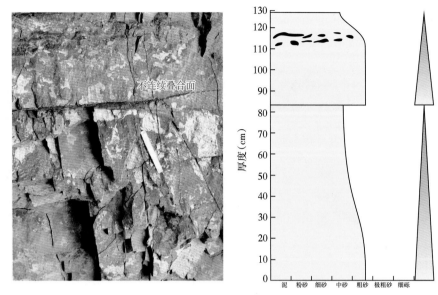

图 4-40　不连续的叠合面

第五节　隧道南剖面 5

一、剖面位置

隧道南剖面 5 的起点位于剖面 4 顶部约 4m 厚的薄层砂泥岩互层之上的厚层砂岩段，终点为一套厚度约 5m 的粉砂岩与砂岩互层沉积，剖面总长度约 46m（图 4-41，图 4-42）。剖面起点坐标为 N35°44.8613′，E102°03.0826′，终点坐标为 N35°44.8903′，E102°03.1010′。

二、剖面特征

本剖面整体以叠合砂岩为主，夹有薄层细砂岩、粉砂岩和泥岩，砂地比大于 85%。砂岩以正粒序为主，砂体侵蚀作用强，多层叠合，最大叠合厚度约 11m；叠合面常见粒度突变，有时可见泥砾。碎屑颗粒多呈棱角状—次棱角状，分选差。发育负载—火焰构造、平行层理、交错层理等。

根据岩性垂向组合特征可将隧道北剖面 1 可划分五段（图 4-41，图 4-42）。第一段（197.4~201.6m）为厚层砂岩夹薄层粉砂岩、泥岩，见泥岩撕裂屑和平行层理，顶部为厚度约 20cm 的细砂岩和泥岩薄层沉积。第二段（201.6~217.3m）以叠合砂岩为主，单砂体厚度变化较大，从 10cm 至 1m 不等，最大叠合厚度约 11m；叠合面平整，有时不连续，砂岩间偶见 1~2cm 的粉砂岩/泥岩薄夹层，砂地比大于 95%。该段顶部为厚约 20cm 的细砂岩和泥岩薄互层沉积。第三段（217.3~226.8m）为一套多层叠合的砂岩，偶夹薄层细砂岩、粉砂岩和泥岩，最大叠合厚度约 3m，砂地比大于 95%。叠合面平整，有时叠合面之上可见泥

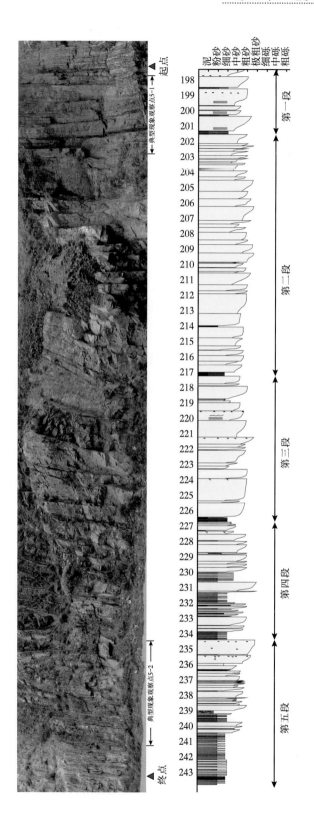

图 4-41　隧道南剖面5全景图

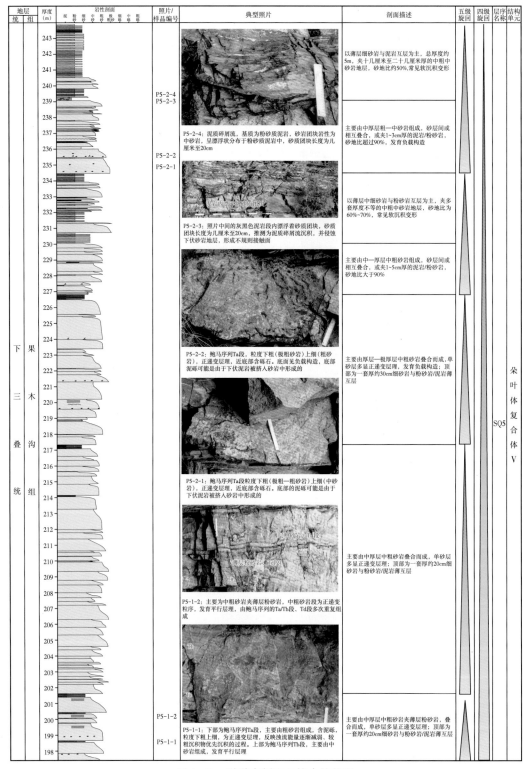

图 4-42　隧道南剖面 5 综合柱状图

砾；底面沉积构造可见负载—火焰等构造，沉积层理以平行层理和交错层理为主；顶部为厚约30cm的细砂岩与粉砂岩、泥岩薄互层。第四段（226.8~234.5m）为下部主要为中厚层砂岩，砂岩或相互叠合，或夹薄层粉砂岩；上部主要为细砂岩与粉砂岩薄互层，夹一些中厚层中粗砂岩；总砂地比约为65%。第五段（234.5~243.9m）与第四段特征相似，下部主要为中厚层砂岩，砂岩或相互叠合，或夹薄层粉砂岩；上部主要为细砂岩与粉砂岩薄互层，偶夹一些中层中粗砂，局部可见软沉积物变形构造。

三、典型沉积特征

1. 典型现象观察点 5-1

观察点5-1位于剖面197.4~201.6m处（图4-43），主要为中厚层砂岩夹薄层粉砂岩为主，砂岩厚度从30cm至1m不等，砂岩呈正粒序递变，可见平行层理及泥岩撕裂屑等沉积特征。

图4-43　观察点5-1远景图（图中标杆长2m）

红色方框为典型现象所在位置

在剖面198.7~199.7m处观察厚约1m的厚层砂岩沉积特征（图4-44），下部为块状粗砂岩，为鲍马序列的Ta段，在底部20cm处发育泥岩碎屑，泥岩碎屑多呈扁平状，平行于层面分布，可能是由于流体侵蚀下伏泥岩并携带进去所形成的，漂浮的泥质碎屑说明在砂体搬运过程中，浊流流体具有一定的强度和浮力支撑特征；向上逐渐递变位中砂岩，顶部平行层理发育，为鲍马序列的Tb段。在剖面199.7~201.6m处发育厚层中—粗砂岩夹几厘米厚的薄层粉砂岩，中—粗砂岩段平行层理发育，为多期鲍马序列 Tb—Tc 段的复合浊流沉积（图 4-45）。

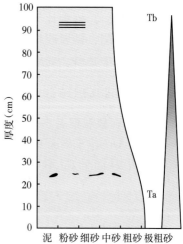

图 4-44 单期厚层鲍马序列 Ta—Tb 段沉积

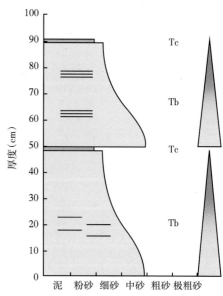

图 4-45 厚层中细砂岩夹薄层粉砂岩，中—粗砂岩段平行层理发育

2. 典型现象观察点 5-2

观察点 5-2 位于剖面 234.5～243.3m 处（图 4-46），下部主要为中厚层砂岩沉积，砂岩或相互叠合，或夹薄层粉砂岩、泥岩，上部为砂泥岩薄互层沉积。常见泥岩碎屑、负载构造、软沉积变形等沉积构造。

在剖面 234.5～236m 处，观察到厚层砂岩底部的泥岩碎屑和负载构造（图 4-47）。厚层极粗砂岩—粗砂岩地层底部发育大块泥岩碎屑，最大粒径超过 20cm，巨大的漂浮泥砾体现出了

图 4-46 观察点 5-2 远景图（图中标杆长 2m）

红色方框为典型现象所在位置

流体高密度和塑性特征，大块泥岩碎屑可能表明由于流体对下伏泥岩较强的侵蚀作用，大块泥岩被侵蚀并被携带进流体，并继续搬运沉积下来，砂岩上部沿层集中分布泥砾，泥砾粒径较小，一般小于 5cm。该厚层砂岩底界面见明显的负载构造，呈瘤状凸起（图 4-47），瘤状凸起为十几厘米宽，主要是由于下伏含水塑形软泥承受了不均匀的负载，是上覆砂质物质陷入下伏泥质物中而产生的，且下伏软泥纹层发生畸变，向上挤入砂岩中。

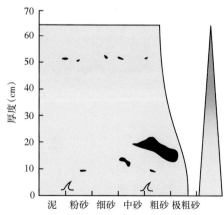

图 4-47 厚层极粗砂岩—粗砂岩

正粒序底部发育负载构造，分散泥岩碎屑

在剖面239~240m处观察到上覆富泥地层明显下切侵蚀下伏砂岩地层（图4-48），且与上覆地层呈不平整接触。该套富泥地层厚度为20~30cm，内部混杂着长条状砂岩砾石，砾石长度为几厘米至20cm（图4-49），分选磨圆较差，推测可能为泥质碎屑流沉积（泥石流）。泥石流是水流中含有大量弥散黏土杂基和碎屑物质形成的黏稠状的、呈涌浪状前进的块体流，也是具有明显剪切作用的非牛顿流体、高浓度的沉积物分散体，支撑粗粒碎屑的杂基物质具有一定屈服强度和高黏性，沉积物呈整体冻结式搬运沉积。

图4-48　富泥地层下切下伏砂岩地层与不平整顶界面

图4-49　富泥地层中漂浮砂岩砾石

第六节　隧道南剖面6

一、剖面位置

隧道南剖面6的起点位于剖面5顶部约5m厚的砂泥岩互层之上，终点位于厚约10m的杂乱沉积之上的砂泥岩薄互层处。剖面总长度约45.5m（图4-50，图4-51）。剖面起点坐标为N35°44.8903′，E102°03.1010′，终点坐标为N35°44.8903′，E102°03.1010′。

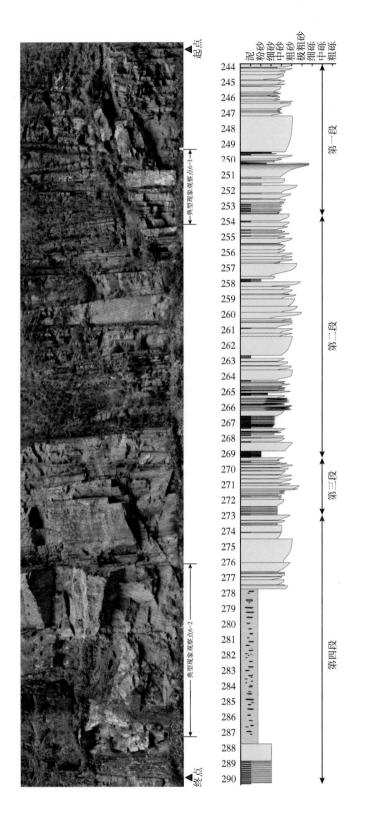

图 4-50 隧道南剖面6全景图

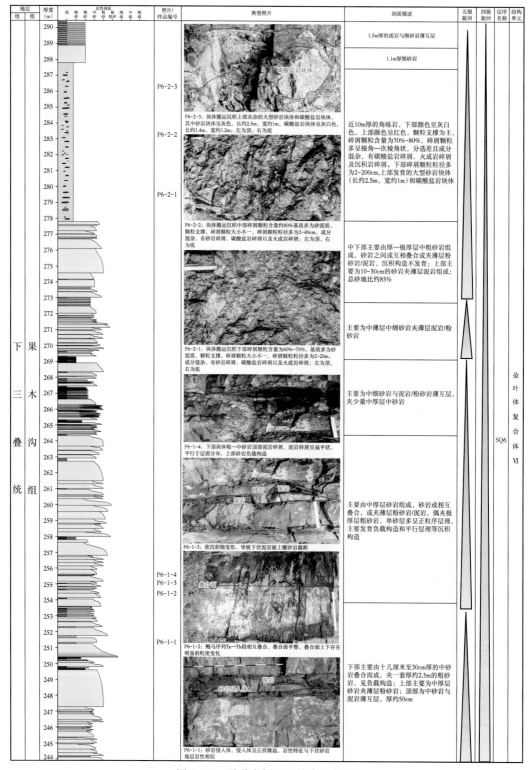

图 4-51 隧道南剖面 6 综合柱状图

二、剖面特征

本剖面中下部整体以中—厚层砂岩为主,夹薄层粉砂岩和泥岩,砂地比大于70%。砂岩呈正粒序递变,砂体侵蚀作用稍弱,多层叠合现象减少。在中—薄层砂泥岩中常见软沉积物变形,见负载—火焰构造、沉积层理等沉积构造。上部发育一套厚约10m的砂、泥、砾杂乱沉积(图4-50,图4-51)。

根据岩性垂向组合特征可将该剖面可划分四段(图4-50,图4-51)。第一段(243.9~253.6m)下部主要为10~30cm厚的中粗砂岩沉积,沉积构造不太发育;中部为一套厚2.3m的中粗砂岩,可能为多套砂岩叠合,但叠合面不明显,也未观察到明显的粒度变化,底部发育负载构造;上部主要为中厚层砂岩夹薄层泥岩/粉砂岩;上部为一套厚约60cm的中细砂岩与泥岩薄互层沉积。第二段(253.6~269.3m)中下部主要由中厚层砂岩组成,砂岩间或相互叠合,或夹薄层粉砂岩、泥岩;偶夹极厚层粗砂岩,主要发育负载构造、平行层理等;上部主要为中细砂岩与泥岩薄互层沉积,夹少量中厚层(10~50cm)中粗砂岩。第三段(269.3~273m)主要为中薄层砂岩夹薄层泥岩、粉砂岩,自下而上,砂体叠合现象减少,泥岩、粉砂岩夹层增多,砂岩厚度较少。第四段(273~290.4m)底部由厚层—极厚层中粗砂岩组成,砂岩间或相互叠合,或夹薄层粉砂岩、泥岩,沉积构造不发育;中部为一套厚约10m的角砾岩,该套角砾岩颜色呈灰白色,碎屑颗粒含量为60%~80%,碎屑颗粒多呈棱角—次棱角状,分选差,成分混杂,既有沉积岩碎屑颗粒,又有火成岩碎屑颗粒和碳酸盐岩碎屑颗粒。下部碎屑颗粒粒径多为2~20cm,中部碎屑颗粒粒径多为2~40cm,上部发育的大型砂岩块体(长约2.5m,宽约1m)和碳酸盐岩块体(长约1.4m,宽约1.2m),顶部2m范围内,砾石粒径变小,多为2~3cm,基质成分比较复杂,多为砂泥质;顶部为一套1.1m厚的细砂岩及1.5m厚的细砂岩与泥岩薄互层。

三、典型沉积特征

1. 典型现象观察点6-1

观察点6-1位于剖面250.4~255.9m处,主要为中厚层砂岩夹薄层泥岩沉积,叠合面不发育,砂岩呈正粒序递变,可见泥岩撕裂屑、平行层理、负载构造、砂岩侵入体等特征(图4-52)。

在剖面251.3m处观察到厚层砂岩侵入体(图4-53)。砂岩侵入体是深水沉积砂体在一定条件下形成超压并受到外界触发,上覆弱渗透性沉积物发生破裂,砂体发生液化向周围沉积物产生侵入形成的。它是深水盆地松散沉积物变形构造中常见的地质现象。该套砂岩侵入体呈丘状隆起与两侧原状地层呈截然的接触关系,最厚处可达30~40cm。通过剖面观察对比该侵入体为灰色中砂岩,其岩性特征与下伏砂岩岩性相似。该侵入体的形成主要是深水浊积砂岩的上覆泥岩沉积速率非常快,造成载荷快速增加。泥岩下部的砂体在不断加大的载荷作用下需向外快速排水,但是由于周围被低渗透率的泥岩所包围,其排水受到阻碍而无法正常压实,从而造成孔隙压力增大,形成超压。另外受到地震、火山喷发或山体

图4-52 观察点6-1远景图(图中标杆长2m)

红色方框为典型现象所在位置

滑坡等因素的触发,可能会导致上覆泥岩地层的破裂以及未固结砂岩瞬间压力剧增和流化,导致砂岩向上侵入于上覆泥岩地层中。在剖面254.5m处见鲍马序列Ta段与Ta—Tb段相互叠合(图4-54),叠合面比较平整,叠合面上下存在明显的粒度变化,该套叠合砂岩底面见明显负载构造。在剖面255~256m处同样观察到砂岩侵入体,该中砂岩侵入体直接刺穿泥岩,与上覆粗砂岩形成砂—砂叠合(图4-55)。

图4-53 泥岩地层中的砂岩侵入体

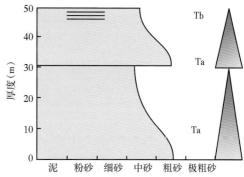

图 4-54 鲍马序列 Ta 段与 Ta—Tb 段相互叠合

图 4-55 砂岩侵入体刺穿上覆泥岩地层

2. 典型现象观察点 6-2

观察点 6-2 位于剖面 277.8~287.8m 处（图 4-56），该观察点为一套厚层砂、泥、砾混杂沉积，碎屑颗粒含量较高，为 60%~80%，杂基成分多为砂泥质，碎屑颗粒成分复杂，火成岩、碎屑岩及碳酸盐岩均有，分选差，磨圆差。主要为块体流、碎屑流搬运的结果，在深水重力流沉积中一般称之为块体搬运沉积。

该套角砾岩内部沉积特征存在明显差异。下部碎屑颗粒含量为 60%~70%，基质多为砂泥质，颗粒支撑，碎屑颗粒大小不一，碎屑颗粒粒径多为 2~20cm，成分混杂（图 4-57）。中部碎屑颗粒含量约 80%，基质多为砂泥质，颗粒支撑，碎屑颗粒粒径变粗，多为 2-40cm，成分混杂（图 4-58）。上部发育大型砂岩块体和碳酸盐岩块体，其中砂岩块体长约 2.5m，宽约 1m；碳酸盐岩块体长约 1.4m，宽约 1.2m（图 4-59）。顶部 2m 范围内，砾石粒径变小，多为 2~3cm，碎屑颗粒含量约 60%。

图 4-56　观察点 6-2 远景图（图中标尺长 2m）

红色方框为典型现象所在位置

图 4-57　块体搬运沉积下部典型沉积特征

图 4-58　块体搬运沉积中部典型沉积特征

图 4-59　块体搬运沉积上部典型沉积特征

第七节　隧道北剖面 1

一、剖面位置

隧道北剖面 1 位于隆务峡一号隧道北侧，起点为一厚层砂岩，终点为一套厚约 7m 的泥岩/粉砂岩段，整个剖面长 41.7m。该段顶部发育一套厚约 1.6m 的辉绿岩，可作为标志层（图 4-60，图 4-61）。剖面起点坐标为 N35°45.4431′，E102°03.5634′，终点坐标为 N35°45.4482′，E102°03.5900′。

二、剖面特征

本剖面整体主要为由几厘米至 30cm 砂岩夹泥岩组成，发育几套 40~70cm 厚的厚层砂岩。自下而上，整个剖面表现为单层砂岩厚度减薄、砂岩层数减少、泥岩厚度增加、泥岩夹层增多的正旋回特征。砂岩呈正递变层理，常见软沉积物变形，发育平行层理、波纹层理、负载构造等，主要由鲍马序列的 Ta、Tb、Tc、Td 段组成，见少量 Lowe 序列的 Tt 段沉积。

根据岩性垂向组合特征可将隧道北剖面 1 划分为四段。第一段（起点至 8.6m）下部以中厚层砂岩夹薄层泥岩、粉砂岩沉积为主，见少量砂—砂叠合，砂岩多呈正递变层理，发育平行层理、波纹层理，有时见明显的侵蚀面，以鲍马序列的 Ta、Tb、Tc 段沉积为主；上部以几厘米至 20cm 的中细砂岩夹薄层泥岩、粉砂岩沉积为主，发育平行层理、波纹层理、负载构造等；顶部为一套 40cm 的泥岩粉砂岩薄互层。砂岩多呈席状展布，横向厚度变化不大。第二段（8.6~19.9m）以中薄层中细砂岩夹泥岩、粉砂岩沉积为主，夹少量的粗砂岩，砂岩呈正递变层理，发育平行层理、波纹层理、负载构造等，以鲍马序列的 Ta、Tb、Tc、Td 段沉积为主；自下而上砂岩减少、泥岩增多；砂岩多呈席状展布，横向厚度变化不大。第三段（19.9~30.8m）下部主要为厚层砂岩夹薄层泥岩，砂岩呈正递变层理，发育平行层理、交错层理、负载构造等，以鲍马序列的 Ta、Tb 段以及 Lowe 序列的 Tt 段沉积为主；上部为中薄层中细砂岩夹粉砂岩、泥岩沉积为主，砂岩呈正递变层理，发育平行层理、波纹层理等，以鲍马序列的 Tb、Tc、Td 段沉积为主；顶部为一套 1.4m 粉砂岩与泥岩互层沉积。第四段（30.8~41.7m）底部为底部发育一套 80cm 的厚层砂岩，下部以十几厘米至二十几厘米厚的中细砂岩夹泥岩为主，砂岩呈正递变层理，发育平行层理、波纹层理，以鲍马序列的 Tb、Tc、Td 段沉积为主；上部为一套厚约 7m 的灰黑色泥岩夹粉砂岩和薄层细砂岩，泥岩段顶部发育一套厚约 2.6m 辉绿岩侵入岩。

三、典型沉积特征

1. 典型现象观察点 7-1

观察点 7-1 位于剖面起点至 5.8m 之间（图 4-62），主要为中厚层砂岩夹薄层粉砂岩、泥岩，砂岩呈正粒序，发育平行层理，常见鲍马序列的 Ta、Tb 段。

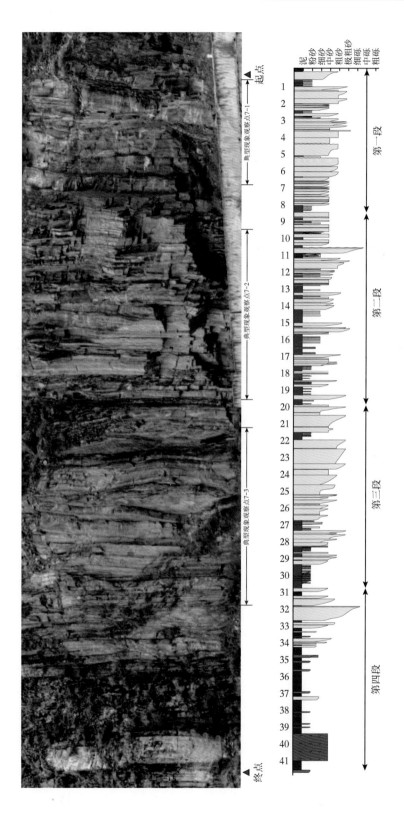

图 4-60　隧道北剖面1全景图

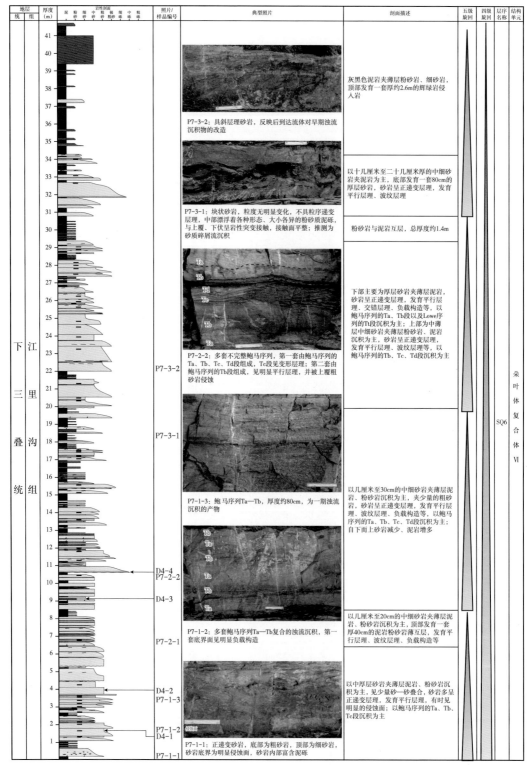

图 4-61　隧道北剖面 1 综合柱状图

图 4-62 观察点 7-1 的野外露头剖面图（图中标杆长度为 2m）

红色方框为典型现象所在位置

在该观察点底部观察到一个厚约 50cm 的含泥砾砂岩（图 4-63），砂岩底界为明显的不规则侵蚀界面，底部为粗砂岩，向上粒度逐渐变细为中细砂岩，砂岩中上部漂浮着两种颜色不同的泥砾，一种为灰黑色，较硬，呈长条扁平状，长度几厘米至几十厘米不等，平行于岩层顶底分布，颜色和成分与下伏和上覆细粒岩层一致；黄色的泥砾较疏松，其颜色和成分与暗黑色泥砾不同，次圆状，直径一般在 3~6cm 之间。灰黑色泥岩可能为浊流侵蚀下伏地层并携带进流体；黄色的泥砾属于浊流的自身携带物。

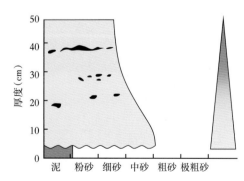

图 4-63 含泥砾砂岩

在剖面 1~2m 处观察到多期砂岩相互叠合（图 4-64），总厚度约 90cm，每期砂岩下部为粗砂岩，下粗上细，显正递变层理，上部为中细砂岩，发育平行层理，为鲍马序列的 Ta、Tb 段沉积，每个 Ta—Tb 段为一次重力流事件，多个 Ta—Tb 序列反映了频繁的、较强水流的多次重力流作用。在剖面 4m 处附近观察到厚度为七十几厘米的中粗砂岩（图 4-65），下部为粗砂岩，向上粒度变细，上部为中砂岩，发育平行层理，为一期浊流事件形成的鲍马序列 Ta—Tb 段沉积。一次浊流形成的鲍马序列沉积厚度变化较大，可以从数厘米到数米不等。

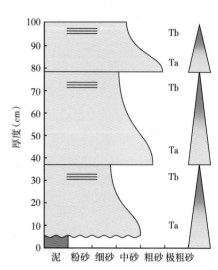

图 4-64　多期浊流沉积形成的鲍马序列

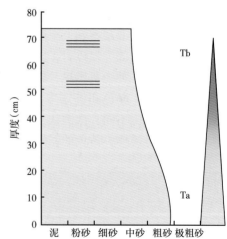

图 4-65　一期浊流沉积形成的鲍马序列

2. 典型现象观察点 7-2

观察点 7-2 位于剖面的 6.5~15.0m（图 4-66），主要为中薄层砂岩夹泥岩沉积。砂岩呈正粒序递变，以鲍马序列 Ta、Tb、Tc、Td 段沉积为主，常见软沉积变形，发育平行层理、负载构造、火焰构造（图 4-67）等。

图 4-66 观察点 7-2 野外露头剖面图（标杆长度为 2m，左侧为剖面顶部、右侧为剖面底部）
红色方框为典型现象所在位置

图 4-67 负载构造与火焰构造

在剖面 11m 附近发育三期不完整的鲍马序列，每套沉积特征、沉积厚度差异明显（图 4-68），底部一期由鲍马序列的 Ta、Tb、Tc、Td 段组成，总厚度约 60cm，其中 Tc 段沉积物发生扰动变形，主要是由于沉积物液化作用即液化层的层间流动引起原生层理的弯曲；中部由鲍马序列的 Tb 段组成，厚度仅 10cm 左右，发育平行层理，主要为中砂岩；上部一期对下伏地层具有明显侵蚀作用，底部为粗砂岩，向上粒度逐渐变细为中砂岩。

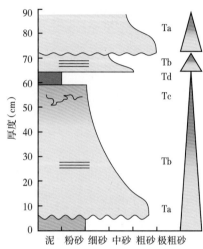

图 4-68　扰动变形及透镜状变形

3. 典型现象观察点 7-3

观察点 7-3 位于剖面 19~29m 之间（图 4-69），主要为中厚层砂岩沉积，砂岩间多夹泥岩或粉砂。常见平行层理、斜层理等沉积构造，且见砂质碎屑流沉积。

图 4-69　观察点 7-3 全景图（标杆长度为 2m）
红色方框为典型现象所在位置

在剖面 19m 处，观察到富砾块状砂岩沉积，厚度约 50cm，砂岩内部不具有粒序递变层理和其他沉积构造（图 4-70），块状砂岩中部有形态大小各异的漂浮泥砾和砂砾，有的泥砾呈 S 形撕裂状，有的泥砾呈长条状，表明流体在流动过程中，内部颗粒承受了剪应力，从而导致软泥变形、撕裂。块状砂岩与上覆、下伏暗色泥岩呈岩性突变接触，底部见微弱的侵蚀现象。块状砂岩、顶底突变接触、不规则泥岩撕裂屑、漂砾等特征都是碎屑流沉积的最直接证据，其反映了砂质碎屑流整体冻结式搬运过程。在剖面 22m 处可观察到斜层理，砂岩厚约四十几厘米，下部为粗砂岩，下粗上细，向上逐渐递变为中砂岩，顶部发育斜层埋（Lowe 的 Tt 段；图 4-71），反映了后期水流对早期沉积的构造。

图 4-70　砂质碎屑流沉积

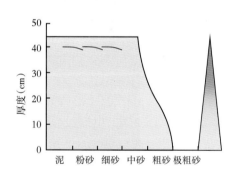

图 4-71　交错层理

第八节　隧道北剖面 2

一、剖面位置

隧道北剖面 2 总长度约 90m，起点位于隧道北剖面 1 顶部火山岩之上 50cm 处的粉、细砂岩底部，终点处为一套厚约 5m 的火山侵入岩沉积（图 4-72，图 4-73）。剖面中有两段被上方塌方物所覆盖，未描述，但从高处出露的地层看，整体特征与上下地层无明显变化，以砂泥岩薄互层为主。剖面起点坐标为 N35°45.4482′，E102°03.5900′，终点坐标为 N35°45.4729′，E102°03.6375′。

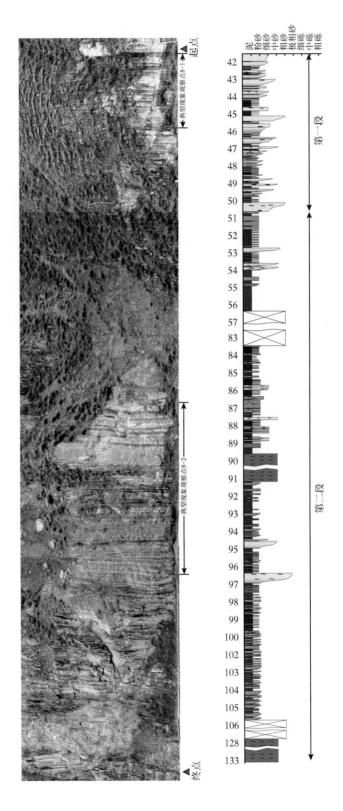

图 4-72　隧道北剖面2全景图

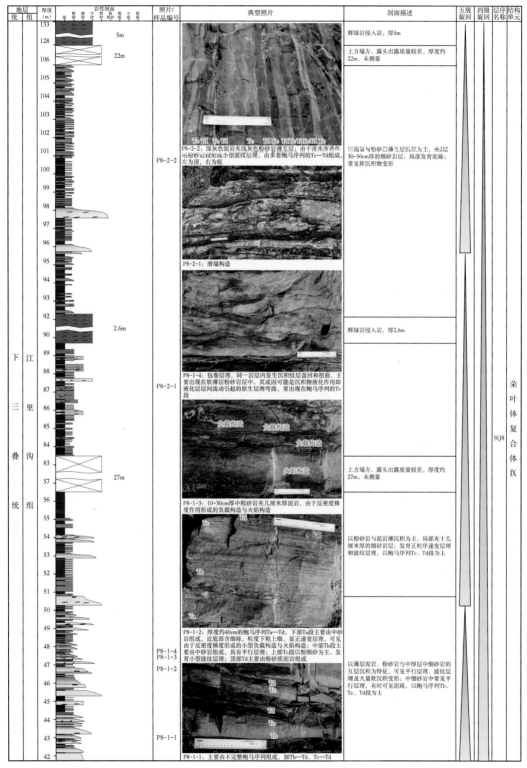

图 4-73 隧道北剖面 2 综合柱状图

二、剖面特征

本剖面整体以黑色泥岩和粉细砂岩的薄互层为主,底部发育多套中厚层(10~50cm)砂岩,砂地比约30%。砂岩粒度多为极细砂和细砂,个别砂层的粒度可达中砂。单砂层呈正递变层理,厚度多小于20cm,最大砂岩厚度50cm,砂岩间极少互相叠合,多与泥岩或粉砂岩互层,常见软沉积变形构造,可见以平行层理、波纹层理和水平层理等沉积构造(图4-72,图4-73)。

根据岩性特征剖面整体可划分两段。第一段(41.7~51m)主要为泥岩、粉砂岩与中层中细砂岩互层,砂地比约30%,在50.3~50.8m的位置发育一套50cm厚的中细砂岩,是该段最厚的砂岩层,底部含泥砾和小砾石。单砂层呈正递变层理,多表现为不完整鲍马序列,常见平行层理、波纹层理、负载构造以及火焰构造等沉积构造。第二段(51~133.1m)主要为泥岩和粉砂岩薄互层,偶夹薄层细砂岩,仅在96m和98m位置分别发育35cm和50cm的中粗砂岩层,整体砂地比小于5%,剖面常见软沉积变形构造。该剖面有两段受到上方塌方碎屑的覆盖,总长度约50m;剖面中部和顶部各发育一套辉绿岩,分别厚2.6m和5m。

三、典型沉积特征

1. 典型现象观察点8-1

观察点8-1位于剖面41.7~51m处(图4-74),该观察点以泥岩、粉砂岩与中层中细砂岩互层为特征,为多期鲍马序列复合的浊流沉积,可见平行层理、波纹层理及大量软沉积变形等沉积构造。

图4-74 观察点8-1(标杆长2m)

红色方框为典型现象所在位置

在剖面43m处附近，可观察到由多期不完整鲍马序列复合的浊流沉积，例如Ta—Tb、Tb—Td、Tc—Td（图4-75），每期均与上下伏地层呈突变关系（图4-75）。Ta主要由中砂岩组成，粒度下粗上细，呈正递变，为高流态（Fr≥1）递变悬浮沉积产物；Tb段主要为中细砂岩沉积，具平行层理，为高流态的沉积水动力条件；Tc段以粉砂沉积为主，发育水流改造的小型波纹层理，此时水流已由高流态向低流态转化；Td段主要由粉砂质泥岩组成，沉积厚度不大，一般几厘米，为低流态（Fr<1）的沉积水动力条件。

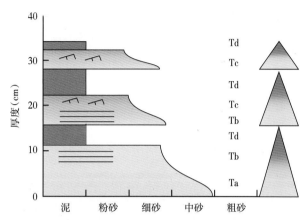

图4-75　多期不完整鲍马序列复合的低密度浊流沉积

在剖面46.5m处附近观察到一期较完整的鲍马序列沉积，由Ta、Tb、Tc、Td段组成，总厚度约40cm（图4-76）。下部Ta段主要由中砂岩组成，近底部含细砾，粒度下粗上细，显正递变层理，可见由于反密度梯度形成的小型负载构造与火焰构造；中部Tb段主要由中砂岩组成，具有平行层理，平行层理底部泥岩碎屑富集；上部Tc段以粉细砂为主，发育小型波纹层理；顶部Td主要由粉砂质泥岩组成。自下而上，沉积构造规模变小，沉积水动力减弱。剖面主要由砂泥岩薄互层组成，常见软沉积物变形构造，例如在剖面47~48m处见由于反密度梯度作用形成的负载构造和火焰构造以及由于沉积物液化层层间流动形成的包卷层理（图4-77）。

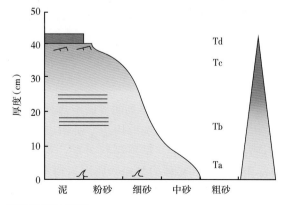

图4-76　较完整鲍马序列

图4-77　负载—火焰构造（a）与包卷层理（b）

2. 典型现象观察点8-2

观察点8-2位于剖面上段（图4-78），主要为泥岩与粉砂岩薄互层沉积，偶夹厚约30cm的中细砂岩，常见波纹层理、滑塌构造等沉积构造。

图4-78　观察点8-2全景图（标杆长2m）
红色方框为典型现象所在位置

在剖面87m附近观察到明显的滑塌构造（图4-79）。未固结的软沉积物在重力作用下发生滑动和滑塌形成的变形构造。沉积层内发生变形、揉皱，还常伴随着小型断裂，甚至岩石破碎、岩性混杂，呈角砾状外貌。滑塌构造一般伴随着快速沉积而产生的。在剖面101m附近观察到粉砂岩与粉砂质泥岩薄互层沉积，为多期鲍马序列的Tc—Td段复合沉积（图4-80），粉砂岩段发育小型流水型波状层理，粉砂岩与粉砂质泥岩为连续过渡沉积，为低流态的沉积水动力条件。

图 4-79 滑塌构造

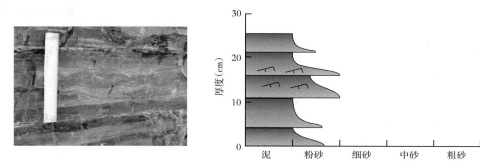

图 4-80 多期鲍马序列 Tc—Td 段复合沉积

第五章　岩相与结构单元

重力流岩相分类及其相关的流体过程已有众多论述，例如鲍马序列、低浓度泥质浊流序列（Stow 和 Shanmugan，1980）、高密度浊流序列（Lowe，1982）以及成因分类（Mutti，1979，1999）等。虽然对于砂质碎屑流和高密度浊流还存在一些争议与讨论，但沉积物的结构与构造（岩相）及组合（岩相组合）对于判断流体搬运机制以及沉积结构单元类型仍然具有一定的指导意义。

第一节　主要岩相特征

根据沉积物岩性特征，可将该地区的重力流沉积划分为两大类：碎屑岩重力流沉积和碳酸盐岩重力流沉积。根据沉积结构与沉积构造，碎屑岩重力流沉积可分为 7 种岩相类型，碳酸盐岩重力流可分为 3 种岩相类型（图 5-1）。

F1——滑塌岩，主要表现为岩石破碎、泥砂混杂，具有明显的揉皱、变形，该沉积是未完全固结的软沉积物，在沉积物超载、地震、超孔隙压力、海啸等触发机制的影响，在重力滑动—滑塌作用下所沉积的地层。

F2——含砾泥岩，砂质团块分散、漂浮于泥质/粉砂质基质中，基质含量为 60%~70%。砂质团块形状、大小不一，粒度为粗砂，砂质团块内部一般无沉积构造。无粒序、未成层、多碎屑表明为碎屑流整体"黏性冻结"沉积，当流体底部剪切应力小于内聚强度时，沉积物整体沉积下来。该岩相类型在整个露头剖面发育较少，仅 2~3 处可见，厚度一般为几十厘米，为小规模碎屑流事件。

F3——砾岩，碎屑颗粒支撑，碎屑颗粒含量为 60%~80%，碎屑粒径从细砾至巨砾不等，分选差，无粒序，碎屑颗粒成分复杂，有泥灰岩、鲕粒灰岩、火成岩、变质岩等（图 5-2），碎屑外形可以为棱角状，也可以磨圆较好，基质主要为砂质，单层最大厚度近 10m。底界呈平板状或弱侵蚀下伏地层，顶界呈平板状或微凸。该岩相认为可能是碎屑流或砾质高密度浊流，由于颗粒间的摩擦和内聚作用，"冻结"沉积下来。

F4——含砾极粗—粗砂岩，砂质杂基支撑，碎屑颗粒含量为 10%~30%，粒径一般为几毫米至 1cm，分选中等，多呈正粒序（图 5-3），常见冲刷构造，为高密度浊流的悬浮选择性快速沉积；部分含砾极粗—粗砂岩底部呈反粒序，并快速过渡为块状或正粒序特征（图 5-3），厚度较小，一般为几厘米，反粒序可能是由于"动力筛选"作用，较粗粒部分的沉积滞后于较细粒部分所造成。该岩相认为可能是砂质高密度浊流沉积。含砾段砾岩碎屑成分复杂，有碳酸盐岩砾屑、花岗岩砾屑、石英岩砾屑等。

F5——块状粗砂岩，缺少粒序特征或粒序特征不太明显；砾石含量较少，一般小于 5%，集中在底部分布，常发育泄水构造，为砂质高密度浊流的悬浮快速沉积。该岩相在隧

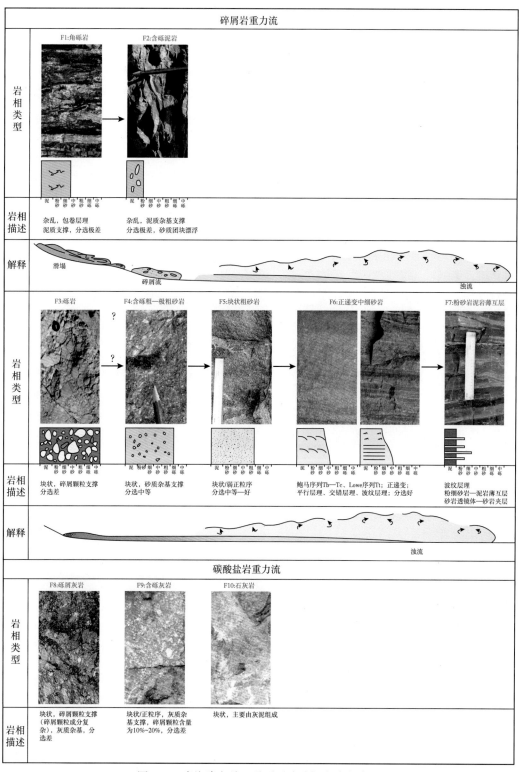

图 5-1　青海隆务峡三叠系重力流沉积岩相类型

道南露头剖面1—6大量发育，底界一般呈平板状，常常多套相互叠合。常见泥岩撕裂屑，有些分散分布，有些聚集成一簇或一排分布于层间。

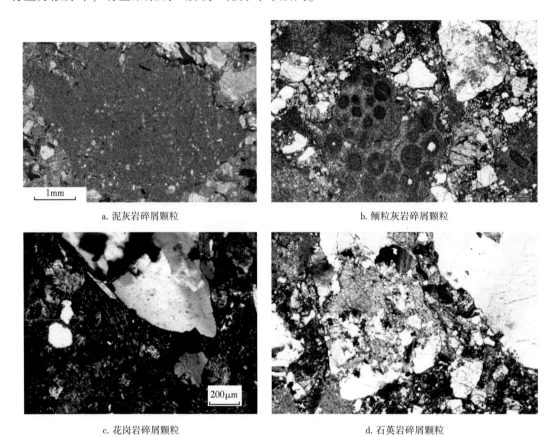

a. 泥灰岩碎屑颗粒

b. 鲕粒灰岩碎屑颗粒

c. 花岗岩碎屑颗粒

d. 石英岩碎屑颗粒

图5-2　砾岩（F3）碎屑颗粒

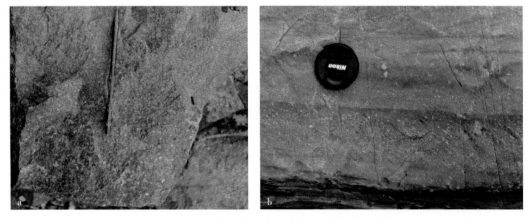

图5-3　含砾极粗—粗砂岩正粒序（a）与反粒序（b）

F6——正递变中细砂岩，对应于鲍马序列的Tb—Tc段以及Lowe序列的Tt段，单层厚度一般为几厘米至50cm，发育平行层理、交错层理，常见负载构造、火焰构造等。顶部常发育薄层粉砂岩/泥岩沉积。

F7——粉砂岩/泥岩薄互层沉积，主要为鲍马序列的 Tc—Te 段，常见软沉积物变形，发育波纹层理，为低密度浊流沉积。

F8——砾屑灰岩，砾屑颗粒含量约为 60%，基质泥灰质（微晶—细晶），砾屑成分复杂，既有外源（花岗岩、石英颗粒、长石颗粒等）砾屑（图 5-4），也有内源砾屑（鲕粒灰岩、泥晶灰岩砾屑），砾屑大小不一，从几毫米至几厘米不等，呈次棱角状。推测为碳酸盐岩台地/斜坡垮塌引起的碳酸盐岩碎屑流沉积。

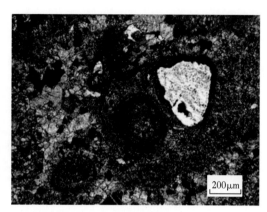

a. 花岗岩砾屑　　　　　　　　　　　　　　b. 鲕粒灰岩砾屑

图 5-4　砾屑灰岩中砾屑成分

F9——含砾灰岩，砾屑含量为 10%～20%，基质灰泥质（微晶—细晶），砾屑主要沿层底面分布，向上砾屑含量较少，砾屑一般为几毫米至 2cm，推测为碳酸盐岩浊流沉积。

F10——石灰岩，块状，颜色为灰白色，不含碎屑颗粒，为碳酸盐岩浊流沉积。

第二节　岩相组合

将相近或相连的岩相结合起来，根据垂向叠置关系与叠置频率，划分岩相组合，可以反映沉积过程、沉积结构单元类型以及沉积环境。

一、厚层砾岩

由厚度数米至 10m 的砾岩组成，砾岩成分混杂，分选较差，磨圆较差，碎屑颗粒缺少粒序（图 5-5），为碎屑流或砾质高密度浊流沉积。

二、厚层—极厚层状砂岩叠合

该岩相组合包括含砾砂岩（F4）以及极粗—粗砂岩（F5），分选中等。单层厚度大于 40cm，最厚超过 1m，一般呈块状或正粒序，底部含砾砂岩段可能发育反粒序，有时见负载构造，在单岩层顶部有时发育平行层理或交错层理。这些地层常相互叠合，极少见泥岩夹

图 5-5　厚层砾岩

层，最大叠合厚度可达 4m，砂地比极高，大于 95%。砂岩呈板状，顶底面皆为突变接触，
具有弱冲刷侵蚀现象（图 5-6）。厚层的块状/正粒序砂岩为高密度浊流中大量的砂质悬浮沉
降。单层砂岩底部发育的富砾段可能为滞留沉积，代表着初始阶段的侵蚀与沉积过路。该
岩相组合及相关的叠合样式表明为叠置水道复合体或朵叶体复合体近端沉积。

图 5-6　厚层—极厚层状砂岩叠合

三、中—厚层状砂泥互层

该岩相组合包括块状粗砂岩（F5）和正递变中细砂岩（F6），一般以鲍马序列 Ta 段开始，分选中等—好，单层厚度一般为十几厘米至 80cm，正粒序，上部发育平行层理、交错层理等，砂层间夹薄层粉砂岩或泥岩，砂地比大于 80%（图 5-7，图 5-8）。正粒序厚层砂岩反映了高密度浊流的快速悬浮沉降，交错层理反映了稀释浊流底部对已沉积砂岩的牵引改造，薄层粉砂岩/泥岩夹层反映了低密度泥质浊流沉积。该岩相组合及相关的叠合样式表明为朵叶体复合体中端沉积。

图 5-7　厚层状砂泥互层

图 5-8　中层状砂泥互层（图中小黑点为雨点）

四、薄层状砂泥互层

该岩相组合为薄层的正递变砂岩(F6)夹粉砂岩/泥岩，砂岩一般以鲍马序列的 Tb 段开始，分选好，单层厚度一般为几厘米，正粒序，发育平行层理、交错层理、波纹层理，砂地比约50%(图 5-9)。砂岩呈板状，横向上厚度无明显变化，砂岩顶底面较平整，常见负载构造、火焰构造等。该岩相组合及相关的叠合样式主要为低密度浊流沉积，为朵叶体复合体远端沉积。

图 5-9 薄层状砂泥灰层

五、粉砂岩泥岩互层

该岩相组合主要为厚度薄—中等粉砂岩与泥岩互层(F7)，单层粉砂岩厚度一般为几厘米至十几厘米，极小发育厚层(图 5-10)，有时夹薄层中细砂岩沉积(F6)。粉砂岩底界面表现为突变，顶界趋于渐变，正粒序，发育波纹层理，沉积物为粉砂级，向上变为黏土级。粉砂是低密度浊流的悬浮沉积，顶部黏土沉积来自絮凝状悬浮物。

六、极厚层异地碳酸盐岩

该岩相组合主要由砾屑灰岩(F7)、含砾灰岩(F8)以及石灰岩(F9)组成，厚度一般为几米(图 5-11)，砾屑灰岩主要由不具分选特征的岩石碎屑和较细灰泥基质组成，支撑机制主要是来自基质提供的黏聚力和漂浮力，内部结构表现为混乱堆积，推测为碳酸盐岩碎屑流沉积。含砾灰岩和石灰岩垂向组合出现，正粒序特征，底界与下伏地层呈突变接触，为碳酸盐岩浊流悬浮沉积。厚层异地碳酸盐岩与碎屑岩重力流沉积交互出现。

图 5-10　粉砂岩泥岩互层

图 5-11　极厚层异地碳酸盐岩

第三节　沉积结构单元

通过地质露头的详细观察与描述，露头剖面具有如下典型特征：(1)无大型下切侵蚀界面，但可见弱侵蚀现象；(2)砂岩地层主要呈平板状，可横向进行对比；(3)露头隧道南剖面1至隧道南剖面6主要发育叠合和层状席状砂岩，叠合砂岩砂地比大于90%。叠合砂岩由厚层—极厚层砂层组成，粒度为极粗—粗砂岩，主要由岩相含砾砂岩(F4)以及极粗—粗砂岩(F5)组合而成，其中砂岩底部含砾段厚度较薄，一般为几厘米，局部具有反粒序特征；层状席状砂岩由于单层砂岩厚度以及泥岩夹层的不同，砂地比变化范围较大，为60%~80%，粒度为粗—中砂，主要由岩相块状粗砂岩(F5)和正递变中细砂岩(F6)组成；两者均为高密度浊流沉积，前者反映了流体能量更强，更近物源；(4)露头隧道北剖面1—隧道北剖面2主要薄层状砂泥互层和粉砂岩泥岩互层以及少量中层状砂泥互层，砂层厚度变化较小，砂地比为30%~60%，主要由岩相正递变中细砂岩(F6)和粉砂岩泥岩互层(F7)组成，为低密度浊流沉积；(5)沉积构造发育，由交错层理、平行层理、交错层理、波纹层理及软沉积物变形等。基于以上特征，初步认为隆务峡露头剖面为朵叶体复合体沉积，不同的岩相组合和叠合样式反映了朵叶体复合体的不同沉积部位。

一般而言，对于发育在非限制性海底地形上、深水水道末端的、具有朵叶状外形的重力流沉积可划分为四个层级：单层、朵叶体单元、朵叶体和朵叶体复合体，它们之间的相互叠置导致了复杂的沉积形态和地层序列(图5-12)。单个朵叶体厚度为3~15m，朵叶体间常被细粒沉积物分隔，多个朵叶体在垂向上相互叠置，形成朵叶体复合体，朵叶体复合体厚度为30~60m，不同朵叶体复合体之间常被厚度大于50cm的薄层状砂泥岩互层分隔开。

图5-12　朵叶体复合体沉积典型露头剖面的层次结构

研究区朵叶体近端以厚层含砾极粗砂岩—粗砂岩沉积为主，单层砂岩厚度一般大于50cm，砂岩与砂岩接触的叠合面广泛发育，偶夹厚度小于5cm的薄层泥岩或粉砂岩，最大叠合厚度约4m（图5-13）。流体类型以高密度浊流为主，流体能量及侵蚀作用强。中端以中—厚层中粗砂岩夹薄层泥岩沉积为主，单层砂岩的厚度一般大于20cm。流体类型以高密度浊流和低密度浊流为主，流体能量相比近端减弱，侵蚀作用中等。朵叶体远端由中—薄层细砂岩/粉砂岩与泥岩互层组成，单层砂岩厚度普遍小于20cm。流体类型以低密度浊流为主，流体的能量减弱到最低状态。朵叶体边缘主要以粉砂岩泥岩互层沉积，夹几厘米厚的细砂岩，流体类型以低密度浊流为主，流体的能量减弱。朵叶体从近源到远源的岩相变化特征表现为砂岩厚度和砂地比值变小，粒度变细，与高/低密度浊流从近端到远端的演化特征相类似。隧道南剖面以朵叶体近端—中端沉积为主，隧道北剖面以远端—边缘沉积为主。因此，在纵向上，剖面由下至上（从老到新）反映了朵叶体/朵叶体复合体的侧向迁移或东西向物源后退的过程。然而由于地层产状近于直立，朵叶体/朵叶体复合体横向上仅能追踪形态，细节变化难以判断。

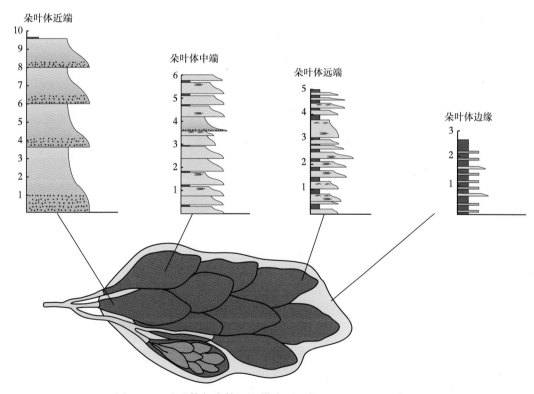

图5-13　朵叶体复合体沉积模式图（据Prelat，2010，修改）

第六章　沉积机制与沉积模式探讨

第一节　沉积机制探讨

理想的碎屑流—浊流流体转换过程可以分为以下五个阶段（图6-1）：（1）由于陆架/陆坡的沉积物失稳，经滑动或滑塌作用衍生出黏性碎屑流，此时的沉积产物为碎积岩；（2）在搬运途中，随着周围海水的混入，流体的头部和前部与海水发生侵蚀、剪切和混合作用，从而产生部分稀释的湍流，此时流体下部为高浓度层状流而上部为浓度较低的湍流，沉积产物为碎积岩—浊积岩复合体；（3）随着紊流作用加强，整个流体的混合和稀释作用随之加强，流体的头部和体部进一步转化，碎屑流全部转化成非黏性的高密度浊流，产物为高密度浊流沉积；（4）随着高密度浊流在近端的沉积卸载，流体演化为低密度浊流，沉积典型的鲍马序列（以Ta/Tb为初始沉积层序）；（5）随着浊流的流体能量进一步减弱，浊积岩沉积厚度变薄、沉积颗粒变细，远端呈现以鲍马Tc—Td—Te层序组合为主的特征。

研究区的露头剖面中识别出了多套碎积岩，最大厚度可达10m，底部具有明显侵蚀特征，砾石含量复杂且大小各异，砾石具有一定的定向性，砾石成分复杂，除灰质砾石外还有裹挟的较大的泥砾，砾石粒径一般为数厘米至数十厘米，颗粒支撑，基质支撑，多呈块状、无层理、无构造，砾间充填以灰泥和砂级灰屑，分选磨圆，粒序特征。碎积岩—浊积岩复合体发育，碎积岩上覆通常为厘米级泥质薄层，巨型碎屑流的流体演化程度低可能跟原始流体的黏度和密度有关，薄的碎积岩不含碳酸盐岩颗粒，说明含碳酸盐岩的小的流体可能全部转化。

同时，研究区发育多种不同岩相组合的浊积岩。尽管地层产状近乎直立，单层上难以追踪对比，但基于碎积岩含大量碳酸盐岩碎屑成分，而浊积岩中也富含碳酸盐杂基的特征，故推测部分浊流可能由碎屑流经流体转换而来。

碎屑流的流体演化程度可能跟原始流体的黏度和密度有关，巨型碎屑流的流体没有经过完全转换，仅在流体的上部发生部分转换。碎积岩的碎屑之间未见有明显的构造因素，而对砾屑的搬运常需要巨大的能量，浅水区的波浪、潮汐难以对其进行搬运，因此可以推测沿斜坡的沉积物重力流是主要的搬运机制。

研究区的物源主要来自北部的华北地块，而早—中三叠世华北地块的陆架边缘发育了大片的碳酸盐岩台地。当台地边缘或陆坡上部失稳时，会发生蠕动或滑动；随着搬运距离的增加，向着盆地方向蠕动或滑动可进一步转化为滑塌、碎屑流和浊流（图6-2）。区域上，东南部临夏—合作附近和峡城—晒经滩一线，在同时代的地层中也发育有相似的岩相组合特征，故此推测西秦岭盆地在早中三叠世可能广泛发育类似的流体转换机制。

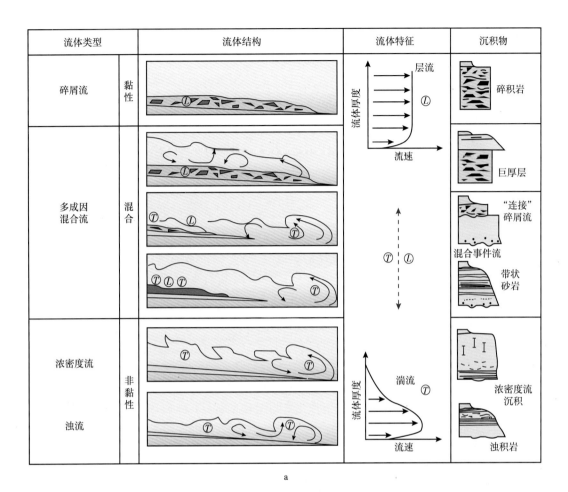

a

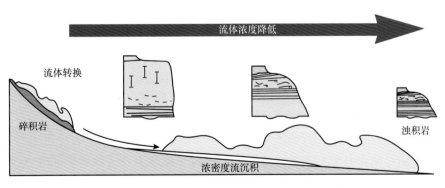

b

图 6-1　向下游方向，从碎积岩到高密度浊流沉积（Lowe）最终到低密度浊流沉积（Bouma）的
序列演化反映了流体向下游逐渐变稀和流体转换的过程（据 Haughton 等，2009，修改）

T—湍流；L—层流

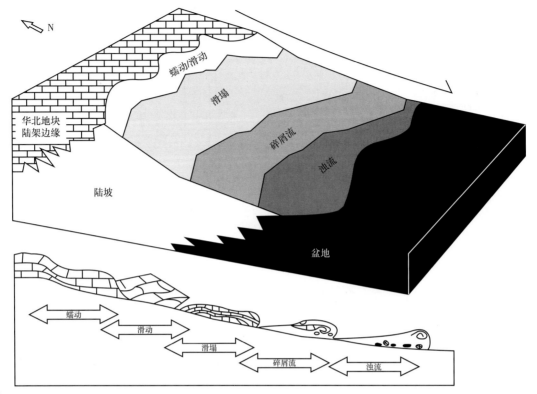

图 6-2 本区发育的流体演化模式图（据 Vernhet，2006，修改）

第二节 沉积物源分析

沉积物源分析是沉积盆地分析的重要内容，作为沟通沉积盆地与剥蚀区的纽带，有助于恢复源区构造背景、估计沉积物搬运路径与距离、重建古水系和恢复沉积盆地充填历史等。物源研究方法包括传统的岩石学、重矿物和元素化学等以及矿物定年等。本书主要利用露头样品的重矿物特征和岩石学特征，并结合公开发表的文献资料及古水流方向分析，推测该地区深水重力流的物质来源。

一、古水流方向

古流向分析是物源分析研究中应用较为广泛的一种方法。沉积岩中的许多指向构造均可作为古水流的标志，如交错层理、波痕、槽模等。但由于沉积后的构造运动使得地层发生倾斜或倒转，因此在研究中须对野外测得交错层理、槽模等产状进行校正后才能使用。

本次研究根据果木沟组和江里沟组的交错层理、波痕、槽模、沟模等反映古水流方向的层理构造和层面构造进行测量，结合张立军（2015）对青海共和盆地下—中三叠统古水流方向测量，初步认为果木沟组及江里沟组的古水流方向主要为东南—西北向（图 6-3）。

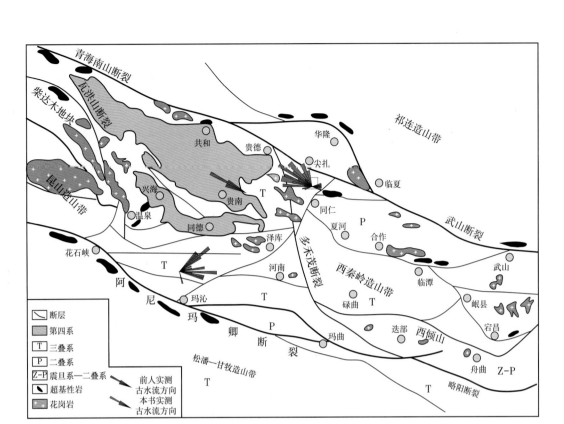

图6-3 实测古水流方向玫瑰花状图（据闫臻，2012，修改；张立军，2015）

二、重矿物特征

综合分析稳定重矿物和不稳定重矿物组分变化和分布特征，可进行物源追踪，且重矿物的组合特征能清楚显示母岩及其源区的性质，因此重矿物组合特征和成分的差异对于物源分析具有重要的意义。本次研究分别对果木沟组和江里沟组的砂岩样品进行了样品分析。

1. 果木沟组重矿物特征

果木沟组砂岩样品稳定重矿物包括锆石、电气石、白钛矿、石榴子石、磁铁矿和赤褐铁矿，果木沟组的重矿物组合为石榴子石+磁铁矿+白钛矿（图6-4），三者含量约81%。推测砂岩的母岩以变质岩和中基性岩浆岩为主，ZTR指数约4%，ZTR指数较低，搬运距离较近。

2. 江里沟组重矿物特征

江里沟组砂岩样品稳定重矿物包括锆石、金红石、电气石、石榴子石、白钛矿、磁铁矿、赤褐铁矿（图6-5）。重矿物组合主要表现为石榴子石+白钛矿，石榴子石+磁铁矿+白钛矿、石榴子石+赤褐铁矿+白钛矿，推测砂岩的母源以变质岩为主，夹少量的中基性岩浆岩。ZTR指数为1.5%~5%，ZTR指数较低，搬运距离较近。

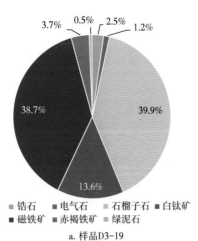

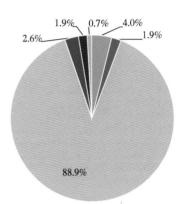

a. 样品D3-19

b. 样品D3-20

图6-4　果木沟组砂岩重矿物含量图

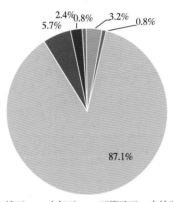

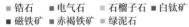

a. 样品D4-1

b. 样品D4-2

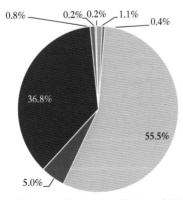

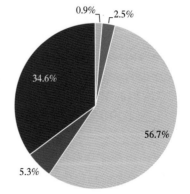

c. 样品D4-3

d. 样品D4-4

图6-5　江里沟组重矿物含量分布图

三、砂岩碎屑特征

陆源碎屑作为母岩风化破碎、搬运和沉积的产物，岩石的碎屑矿物组分可以在一定程度上反映源区的构造性质。利用偏光显微镜对露头剖面的砂岩薄片进行镜下观察。砂岩岩石类型主要为长石岩屑砂岩、岩屑长石砂岩（图6-6）。碎屑颗粒主要包括石英、长石、碳酸盐岩岩屑、变质岩岩屑、火成岩岩屑（图6-7），分选较差，磨圆度为棱角状—次棱角状，填隙物为泥质、粉砂质，颗粒支撑，颗粒接触性质多为线接触。成分成熟度低、结构成熟度低，表明搬运距离较近，为近源沉积。

a. 中粗粒岩屑长石砂岩1　　　　　　　　b. 中细粒长石岩屑砂岩2

图6-6　砂岩岩石薄片镜下照片

a. 长石岩屑砂岩（-），M为泥晶碳酸盐岩岩屑　　　b. 长石岩屑砂岩（+），G为花岗岩岩屑，J为角闪岩岩屑

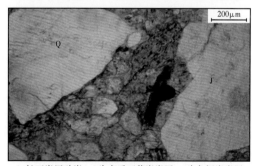

c. 长石岩屑砂岩，O为鲕粒碳酸盐岩砾屑，F为棱角状长石颗粒　　　d. 长石岩屑砂岩，Q为变质石英岩岩屑，J为角闪岩岩屑

图6-7　含砾砂岩岩石薄片镜下照片

张立军（2015）对该地区的样品进行了迪金森图解分析，部分样品落入陆块物源区的稳定克拉通区域，另一部分则落入再旋回造山带物源区（图6-8）。物源区与岩浆弧物源区无关。从当时构造环境上看：该地区北侧紧邻祁连古陆和南祁连陆表海，西侧为柴达木隆起和东昆仑岩浆弧，南侧为阿尼玛卿混杂岩带。根据重矿物组合特征、古水流方向以及砂岩碎屑分析，推测主要物源来自北侧的祁连古陆，受三叠系弧后裂谷盆地东高西低古地貌的影响，水流携带着大量的碎屑物质沿裂谷盆地轴向搬运并沉积下来。

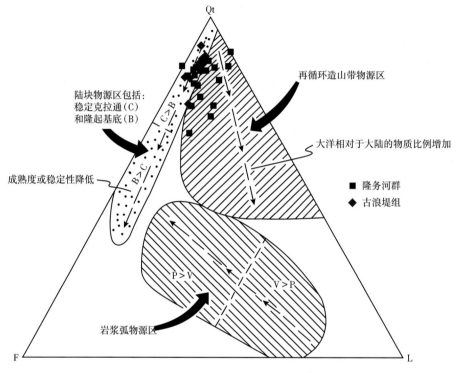

图6-8　共和盆地东北部 Qt-F-L 图解（据张立军，2015）

第三节　沉积模式探讨

研究区的岩石类型主要包括碎屑岩（含砾砂岩、砂岩、粉砂岩）、碳酸盐岩角砾岩、含砾泥灰岩、含砾泥岩等。多套厚层碳酸盐岩角砾岩和含砾泥灰岩夹于深水浊流沉积地层中。

碳酸盐岩角砾岩与含砾泥灰岩均为异地搬运沉积的结果。异地碳酸盐岩的沉积机制可以大致分为两种类型，一是由岩崩和岩屑崩塌作用形成的异地碳酸盐岩块体，二是由滑坡、滑塌和碎屑流作用形成的异地碳酸盐岩。前者形成的异地碳酸盐岩块体多见于台地边缘陡峭的礁体前缘下部、断层崖、侵蚀峭壁等环境中，一般呈整块状，具有原始碳酸盐岩沉积特征和生物层理。后者形成的异地碳酸盐岩沉积一般表现为不具分选特征碳酸盐岩碎屑与较细的基质沉积于一起，整体表现为混乱无序的堆积，其支撑机制为颗粒支撑或基质支撑（牛新生，2009）。研究区碳酸盐岩角砾岩及含砾泥灰岩主要是后者沉积机制形成的。

异地碳酸盐岩沉积主要见于四种不同的沉积环境，分别是活动大陆边缘的弧后裂谷盆地、弧间裂谷盆地、弧前盆地，被动大陆边缘盆地，大洋中海山附近和前陆盆地中（牛新生，2009）。研究区于早三叠世处于活动大陆边缘构造环境，一直处于拉张裂陷的构造环境，沉积了多套碳酸盐岩碎屑流沉积。碳酸盐岩碎屑流沉积受到构造活动的控制。西秦岭海盆（东侧）二叠世—早三叠世处于广阔的浅海碳酸盐沉积环境（孙延贵，2004）。早三叠世是在二叠纪碳酸盐岩台地背景上拉开沉积序幕，它首先经历了缓慢的拉张阶段，形成了碳酸盐岩台地及碳酸盐岩缓坡沉积环境（晋慧娟等，1994），沉积了厚层生物碎屑灰岩、颗粒灰岩、泥质灰岩，并含有大量浅海生物化石，沿西秦岭的岩昌—迭部一带发育（孟庆仁等，2007）。随着拉张活动的加剧，张裂断陷导致了海盆底部断崖的产生，从而形成了独特的深水碳酸盐岩碎屑流沉积（图6-9）。

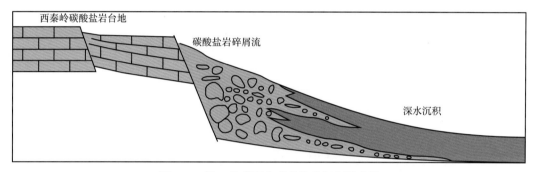

图6-9　早三叠世深水碳酸盐岩沉积模式图

深水碎屑浊积岩（含砾砂岩、砂岩、粉砂岩）主要是盆地边缘粗粒碎屑物质以浊流方式被搬运至深水盆地中。研究区广泛出露隆务河群深水浊积岩，岩石组合总体上以灰绿色—灰黑色（含砾）砂岩为主。北部近物源区岩性较粗，向南、西、东岩性变细，以低—高密度浊流为主，为斜坡—盆地相浊流沉积。

海底地形起伏对于浊流水流方向及相关沉积具有非常重要的影响。在构造方面，海底地形主要受下伏正断层、具有断层推覆褶皱的逆冲断层或盐构造控制，从而导致浊流体系方向改变或受到限制。

西秦岭地区在早三叠世处于弧后拉张的构造环境，西秦岭深水盆地古地理格局无论在东西方向上还是南北方向上均表现为较复杂的变化，存在北西—南东向的隆—凹相间的十分复杂的古地理格局，受其影响斜坡带下部—深海盆地的浊流沉积在不同地段向盆地内部深入的距离存在较大差异。大量文献资料表明，该地区浊流碎屑岩沉积的物源主要来自北侧的南祁连地区，因此推测南祁连地区的粗粒碎屑物质经浊流向南搬运过程中，受盆地隆—凹相间古地理格局的影响，水流方向发生改变，沿凹陷向西流动，并呈扇形朵叶体堆积下来，在实测露头区形成朵叶体沉积，朵叶体近端表现为厚层—极厚层叠合砂岩，朵叶体中端表现为中厚层砂岩夹薄层泥岩，朵叶体远端表现为薄层—中层砂岩与泥岩/粉砂岩互层沉积。对于能量较强的浊流水道可能会越过地形起伏较小的隆起区，并从水道过渡为朵叶体沉积（图6-10）。

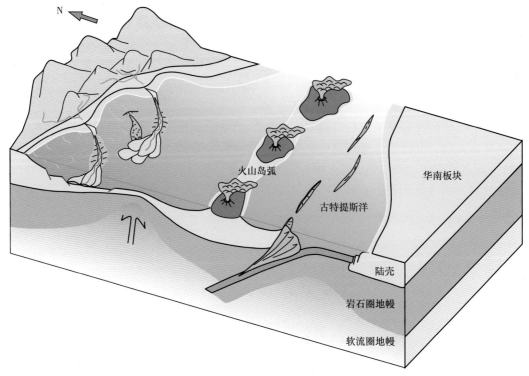

图 6-10　青海西秦岭盆地沉积模式图

参 考 文 献

高振中, 吴智勇, 1995. 深水异地沉积研究: 回顾与展望 [J]. 江汉石油学院学报, 4: 1-4+11.

高振中, 1996. 深水牵引流沉积: 内潮汐内波和等深流沉积研究 [M]. 北京: 科学出版社.

高振中, 2006. 深水牵引流沉积的研究历程、现状及前景 [J]. 古地理学报, 8(3): 331-338.

高振中, 2017. 深水牵引流沉积的研究历程、现状与前景 [J]. Journal of Palaeogeography, 6(1): 96.

龚一鸣, 1986. 深水沉积学的过去·现在·将来 [J]. 地质科技情报, 3: 66-73.

郭成贤, 2000. 我国深水异地沉积研究三十年 [I]. 古地理学报, 1: 1-10.

韩小锋, 陈世悦, 牛海青, 2008. 海相深水沉积研究现状及展望 [J]. 地质找矿论丛, 23(4): 275-280.

何幼斌, 罗顺社, 高振中, 1997. 深水牵引流沉积研究进展与展望 [J]. 地球科学进展, 3: 247-252.

何幼斌, 罗顺社, 高振中, 2004. 内波、内潮汐沉积研究现状与进展 [J]. 江汉石油学院学报, 1: 5-10+141.

胡孝林, 刘新颖, 刘琼, 等, 2015. 深水沉积研究进展及前缘问题 [J]. 中国海上油气, 27(1): 10-18.

李华, 何明薇, 邱春光, 等, 2023. 深水等深流与重力流交互作用沉积 (2000—2022 年) 研究进展 [J]. 沉积学报: 1-25.

李华, 何幼斌, 2017. 等深流沉积研究进展 [J]. 沉积学报, 35(2): 228-240.

李华, 何幼斌, 2020. 深水重力流水道沉积研究进展 [J]. 古地理学报, 22(1): 161-174.

李继亮, 陈昌明, 高文学, 等, 1978. 我国几个地区浊流岩系的特征 [J]. 地质科学, 1: 26-44+93-94.

李相博, 卫平生, 刘化清, 等, 2013. 浅谈沉积物重力流分类与深水沉积模式 [J]. 地质论评, 59(4): 607-614.

李育慈, 杨世倬, 1984, 全国浊流沉积现场考察学术讨论会报导 [J]. 沉积学报, 2: 16.

梁建设, 田兵, 王琪, 等, 2017. 深水沉积理论研究现状、存在问题及发展趋势 [J]. 天然气地球科学, 28(10): 1488-1496.

刘丽军, 1999. 深水牵引流沉积特征及研究现状 [J]. 石油与天然气地质, 4: 369-374.

庞雄, 陈长民, 朱明, 等, 2007. 深水沉积研究前缘问题 [J]. 地质论评, 1: 36-43.

秦雁群, 万仑坤, 计智锋, 等, 2018. 深水块体搬运沉积体系研究进展 [J]. 石油与天然气地质, 39(1): 140-152.

饶孟余, 钟建华, 赵志根, 等, 2004. 浊流沉积研究综述和展望 [J]. 煤田地质与勘探, 6: 1-5.

孙国桐, 2015. 深水重力流沉积研究进展 [J]. 地质科技情报, 34(3): 30-36.

孙枢, 李继亮, 1984. 我国浊流与其他重力流沉积研究进展概况和发展方向问题刍议 [J]. 沉积学报, 4: 1-7.

谈明轩, 吴峰, 马皓然, 等, 2022. 海底扇沉积相模式、沉积过程及其沉积记录的指示意义 [J]. 沉积学报, 40(2): 435-449.

王英民, 王海荣, 邱燕, 等, 2007. 深水沉积的动力学机制和响应 [J]. 沉积学报, 4: 495-504.

鲜本忠, 安思奇, 施文华, 2014. 水下碎屑流沉积: 深水沉积研究热点与进展 [J]. 地质论评, 60(1): 39-51.

朱筱敏, 2020. 沉积岩石学 [M]. 5 版. 北京: 石油工业出版社: 47-86.

Bouma A H, 1962. Sedimentology of Some Flysch Deposits. A Graphic Approach to Facies Interpretation. Amsterdam: Elsevier.

Dott R H, 1963. Dynamics of Subaqueous Gravity Depositional Processes [J]. AAPG Bulletin, 47(1): 104-128.

Faugères J-C, Stow D A V, 1993. Bottom-current-controlled sedimentation: a synthesis of the contourite problem [J]. Sedimentary Geology, 82(1-4): 287-297.

Fisher R V, 1983. Flow transformations in sediment gravity flows [J]. Geology, 11(5): 273-274.

Ghibaudo G, 1992. Subaqueous sediment gravity flow deposits: practical criteria for their field description and classification [J]. Sedimentology, 39(3): 423-454.

Haughton P, Davis C, Mccaffrey W, et al., 2009. Hybrid sediment gravity flow deposits-Classification, origin and significance [J]. Marine and Petroleum Geology, 26(10): 1900-1918.

Heezen B C, Hollister C D, Ruddiman W F, 1966. Shaping of the Continental Rise by Deep Geostrophic Contour Currents [J]. Science, 152(3721): 502-508.

Kneller B, Buckee C, 2000. The structure and fluid mechanics of turbidity currents: A review of some recent studies and their geological implications [J]. Sedimentology, 47: 62-94.

Kneller B, 1995. Beyond the turbidite paradigm: physical models for deposition of turbidites and their implications for reservoir prediction [J]. Geological Society, London, Special Publications, 94(1): 31-49.

Kuenen Ph H, Migliorini C I, 1950. Turbidity Currents as a Cause of Graded Bedding [J]. The Journal of Geology, 58(2): 91-127.

Lowe D R, 1976. Grain flow and grain flow deposits [J]. Journal of Sedimentary Research, 46(1): 188-199.

Lowe D R, 1982. Sediment Gravity Flows: II Depositional Models with Special Reference to the Deposits of High-Density Turbidity Currents [J]. SEPM Journal of Sedimentary Research, 52.

Middleton G V, Hampton M A, 1976. Subaqueous sediment transport and deposition by sediment gravity flows. // Stanley, D J, Swift D J W. Marine Sediment Transport and Environmental Management. New York: Wiley: 197-218.

Middleton G V, Hampton M A, 1973. Sediment gravity flows: mechanics of flow and deposition//Middleton G V, Bouma A H. Turbidites and Deep Water Sedimentation, 1-38. Short course notes, Pacific Section of The Society of Economc Paleontologists and Mineralogists.

Mitchum R M, 1985. Seismic Stratigraphic Expression of Submarine Fans [J]. AAPG Memoir, 39: 117-136.

Mulder T, Alexander J, 2001. The physical character of subaqueous sedimentary density flows and their deposits [J]. Sedimentology, 48(2): 269-299.

Mutti E, Bernoulli D, Lucchi F R, et al., 2009, Turbidites and turbidity currents from Alpine 'flysch' to the exploration of continental margins [J]. Sedimentology, 56(1): 267-318.

Mutti E, Davoli G, 1992. Turbidite sandstones [M]. Milan: Agip, Instituto di Geologia, Universitá di Parma.

Mutti E, Lucchi F R, 1978. Turbidites of the northern Apennines: introduction to facies analysis [J]. International Geology Review, 20(2): 125.

Nemec W, 1988. Anatomy of Collapsed and Re-established Delta Front in Lower Cretaceous of Eastern Spitsbergen: Gravitational Sliding and Sedimentation Processes [J]. AAPG Bulletin, 72.

Normark W R, 1970. Growth Patterns of Deep-Sea Fans [J]. AAPG Bulletin, 54(11): 2170-2195.

Pickering K, Hiscott R, 2016. Deep Marine Systems: Processes, Deposits, Environments, Tectonics and Sedimentation [M]. New York: Wiley.

Pickering K, Stow D, Watson M, et al., 1986. Deep-water facies, processes and models: a review and classification scheme for modern and ancient sediments [J]. Earth-Science Reviews, 23(2): 75-174.

Postma G, 1986. Classification for sediment gravity-flow deposits based on flow conditions during sedimentation [J]. Geology, 14(4): 291-294.

Shanmugam G, 1996. High-density turbidity currents: are they sandy debris flows? [J]. Journal of Sedimentary Research, 66(1): 2-10.

Shanmugam G, 2000. 50 years of the turbidite paradigm (1950s—1990s): deep-water processes and facies models—a critical perspective [J]. Marine and Petroleum Geology, 2(17): 285-342.

Shanmugam G, 2002. Ten turbidite myths [J]. Earth-Science Reviews, 58(3-4): 311-341.

Shanmugam G, 2017. Contourites: Physical oceanography, process sedimentology, and petroleum geology [J]. Petroleum Exploration and Development, 44(2): 183-216.

Stow D A V, Shanmugam G, 1980. Sequence of structures in fine-grained turbidites: Comparison of recent deep-sea and ancient flysch sediments [J]. Sedimentary Geology, 25(1-2): 23-42.

Stow D, Smillie Z, 2020. Distinguishing between Deep-Water Sediment Facies: Turbidites, Contourites and Hemipelagites [I]. Geosciences, 10(2): 68.

Stow, 2002. Deep-water contourite systems: modern drifts and ancient series, seismic and sedimentary characteristics [M]. London: Geological Society.

Talling P J, Masson D G, Sumner E J, et al. , 2012. Subaqueous sediment density flows: Depositional processes and deposit types [J]. Sedimentology, 59(7): 1937-2003.

Walker R G, 1967. Turbidite sedimentary structures and their relationship to proximal and distal depositional environments [J]. Journal of Sedimentary Research, 37(1): 25-43.

Walker R G, 1978. Deep-Water Sandstone Facies and Ancient Submarine Fans: Models for Exploration for Stratigraphic Traps1 [J]. AAPG Bulletin, 62(6): 932-966.

Weimer P, Bouma A H, Perkins B F, 1994. Submarine Fans and Turbidite Systems—Sequence Stratigraphy, Reservoir Architecture and Production Characteristics Gulf of Mexico and International [M].